F. LAFFON

LE MONDE

DES

Pêcheurs

PARIS. — A LA LIBRAIRIE ILLUSTRÉE
7, RUE DU CROISSANT, 7

LE MONDE DES PÊCHEURS

DU MÊME AUTEUR

LE MONDE

DES

COURSES

Un fort volume in-18 jésus, prix . . . . 3 fr. 50

ÉMILE COLIN — IMPRIMERIE DE LAGNY

LE MONDE

DES

PÊCHEURS

PAR

F. LAFFON

PARIS

A LA LIBRAIRIE ILLUSTRÉE

7, RUE DU CROISSANT, 7

—

AVANT-PROPOS

Le Monde des Pêcheurs est issu du « Petit-Journal ». En commençant le premier article, nous disions : « Le succès obtenu dans nos colonnes et en librairie par le « Monde des Courses » (1) nous aurait certainement poussé à continuer pour nos lecteurs ce genre de séries sur les sports actuels et favoris du public, alors que nous n'aurions pas été convié à le faire par des invitations plus directes.

A la suite de quelques courts articles sur la fermeture de la pêche, les réserves et les défenses, nous avons reçu un si grand nombre de

(1) Un volume, à la *Librairie Illustrée*.

lettres que nous avons compris à quel point ce sujet de la pêche et des pêcheurs intéressait, et combien nous touchions ainsi à une question actuelle et importante pour une notable partie du public, question toujours pendante entre les petits et les grands, les vassaux et les seigneurs, le pauvre pêcheur et monsieur le gouvernement.

Nos correspondants verront, au fur et à mesure de cette « série », avec quel soin nous avons pris note de leurs observations et quel souci nous avons eu de tenir compte de leurs conseils et de leurs avis sur cette matière si délicate, si multiple et si populaire de la pêche.

Ce n'est qu'en mettant ainsi à profit l'expérience des vieux pêcheurs, les secrets et les leçons des praticiens connus, qu'il nous sera permis de faire du « Monde des Pêcheurs » une œuvre technique et pratique, solide et serrée dans le fond, attrayante et vive dans la forme.

Nous serons donc heureux de recevoir et d'étudier les lettres que les pêcheurs, nos confrères et lecteurs, voudront bien nous faire parvenir à ce sujet; et, par ainsi, la sagesse et la

science des uns pourra servir à l'éducation et
au bien des autres. »

Ce programme nous l'avons rempli, et à la
satisfaction de tous, si nous en croyons les
quelques milliers de lettres qui ont commenté,
encouragé et le plus souvent approuvé nos
théories de pêche et nos aperçus spéciaux.

Puisse le volume obtenir pareil accueil,
puisse-t-il ne recevoir de pierres que de ceux
qui n'ont jamais pêché!

F. LAFFON.

LE
MONDE DES PÊCHEURS

CHAPITRE PREMIER

LA PÊCHE ET LES PÊCHEURS

Avant de rien entreprendre, posons tout d'abord deux questions :

— Qu'est-ce que la pêche?

— Qu'est-ce qu'un pêcheur ?

Le « Dictionnaire de l'Académie » et « Littré » nous disent textuellement :

PÊCHE. — Art, exercice, action de pêcher.

PÊCHEUR. — Celui qui fait métier et profession de pêcher et qui a le goût et l'habitude de la pêche.

PÊCHER. — Prendre du poisson avec des filets ou *autrement*.

1

Tout cela est très bien, sauf le mot *autre-ment* ; *autrement* me paraît avoir une acception un peu large ; et il m'est difficile d'appeler pêcheur celui qui, par exemple, prend du poisson en empoisonnant une rivière avec de la coque du Levant ou en faisant sauter une nappe d'eau avec des torpilles.

Pour les spécialistes et les amateurs, la pêche est tout autre chose.

« La pêche à la ligne, dit Moriceau, est un des grands plaisirs de la campagne, un passe-temps des plus agréables qui puisse succéder à d'utiles travaux et à des occupations sérieuses. Elle plaît à tous les âges ; elle est permise aux deux sexes, et on peut s'en amuser pendant les deux tiers de l'année ».

Maintenant, écoutez Alphonse Karr :

« Si vous parlez de pêche devant un bourgeois vulgaire, il vous interrompra en souriant, ne pouvant prendre sur lui de retarder le moment de placer une des cinq ou six plaisanteries qu'il possède. » « La pêche, dira-t-il, ah ! oui, la pêche à la ligne, — toute la journée le bras tendu pour prendre un goujon.

» Et il rira, et son œil écarquillé ramassera

autour de lui les sourires approbatifs de l'auditoire.

» Ce dédain pour la pêche, exercice pour lequel on est convenu qu'il faut beaucoup de patience, veut dire de la part du bourgeois en question : « Moi, je n'ai pas de patience ; moi, » je suis un homme bouillant et passionné. »

» Tâchez, alors, de savoir à quels divertissements se sont livrés, hier et aujourd'hui, ceux qui trouvent la pêche ridicule. — Les uns ont joué aux échecs, aux dominos ou aux dames, ces jeux inutilement laborieux, que Montaigne déclarait « n'être pas assez jeux » ; ou ils auront joué aux cartes, espérant, à force d'application, faire passer quelques écus de la poche des amis dans la leur. Joli plaisir, ingénieuse réunion de gens, dont la moitié s'en va toujours triste ou mécontente ! Et, pour ce résultat, passer toute une soirée assis dans un salon sans air, à prononcer ces mots : cœur, — pique, — trèfle, — carreau, — atout, — je coupe, — je passe, — etc...

» Quand la pièce ne réussit pas elle se sauve néanmoins par les décors, — elle se joue au bord d'une rivière ou sur un bateau entre les deux rives. Des vieux saules arrondis au feuillage glauque, s'élancent les peupliers à la cime verte, les nénuphars étalent sur l'eau leurs larges feuilles et leurs fleurs odorantes jaunes ou blanches ; le sagittaire lance de l'eau ses feuilles en fer de flèche et ses trois pétales blancs, à centre lie de vin ; plus près de terre, le plantaire d'eau montre ses petits épis d'un blanc rosé ; le *Ne m'oubliez-pas*, ou myosotis, ses fleurs d'un bleu tendre, le jonc fleuri, sa couronne de peluche ; la bergeronnette grise ou jaune, la lavandière, marchent sur le sable en se balançant avec une grâce cadencée ; le martin-pêcheur, bleu, vert et jaune, s'élance d'une rive à l'autre, d'un vol droit et rapide comme celui d'une flèche, en poussant un cri aigu.

» Les demoiselles, les libellules, dont les ailes de gaze soutiennent des corps d'émeraude, de saphir ou de turquoise, voltigent au milieu des fleurs aquatiques.

» Et l'eau qui coule, par son murmure et son aspect, vous jette dans de douces et profondes rêveries.

» Comparez maintenant à cette scène un salon dans lequel règne une odeur confuse et nauséabonde provenant de l'huile des lampes, de l'haleine des hommes, du punch et du chocolat que l'on promène sur les plateaux, des diverses pommades dont on a enduit les cheveux avant de les passer au fer, ce qui fait des chevelures frites ; des figures fatiguées, des cartes qu'on remue, des grimaces de mauvaise humeur... »

Comparez et vous serez de l'avis d'Alphonse Karr, de tous les gens sensés, c'est-à-dire des pêcheurs et du mien.

Un homme né malin, probablement un vaudevilliste en rupture de planches, a trouvé cette définition de la ligne qui fait la joie des générations canotières :

— La ligne, ah oui, ce petit instrument ou l'on trouve un poisson à un bout et un imbécile à l'autre !

Mon Dieu, si l'un de vos amis vous fait cette plaisanterie et que vous soyez d'humeur joviale, il est facile de lui répondre sur le même ton ; si c'est un ennemi, rappelez-vous que tous les médecins, depuis Hippocrate jusqu'au docteur Blanche, ont recommandé les douches et l'usage des bains froids pour les faibles d'esprit et les absences cérébrales ; la rivière est à vos pieds, ne craignez pas de faire suivre les conseils de ces illustres praticiens...

. J'aime mieux ce badaud qui, debout derrière un pêcheur tranquillement assis, s'écriait avec une naïveté charmante :

— « Ma foi, je n'aurais jamais votre patience ; comment, voilà quatre heures que vous pêchez sans rien prendre, quatre heures que je regarde votre bouchon qui reste immobile, et vous attendez encore ; je suis curieux de voir comment cela finira ! »

Mais, résumons nous.

La pêche est un des sports les plus agréables, une distraction saine et attrayante, une occupation intelligente et souvent lucrative. N'est point pêcheur qui veut.

Les commençants, les novices, se rebutent facilement, quand, après quelques coups de ligne, ils n'ont rien pris alors qu'un voisin relève un poisson à chaque coup.

C'est que la pêche est un art difficile, une science qui demande de longues et patientes études.

On peut devenir assez facilement chasseur supportable, cavalier suffisant, tireur passable ;

mais un pêcheur n'est vraiment pêcheur qu'après bien des années de pratique et d'exercice, et encore apprend-il tous les jours quelque nouvelle ruse, quelque particularité inconnue sur les hôtes innombrables qui peuplent nos rivières, et dont le vrai pêcheur doit connaître à fond la vie, les mœurs, les habitudes et les goûts.

CHAPITRE DEUXIÈME

LA LÉGISLATION

Qui terre a, guerre a, dit un vieux proverbe ; nous pouvons le rajeunir en disant qui pêchera, procès aura...

Et en effet, les gardes-pêche et les gendarmes ne connaissant pas plus la loi que les pêcheurs et les riverains, il s'en suit que chacun veut l'expliquer à sa façon et l'appliquer selon sa manière de voir ; d'où ceci, toléré dans la Marne est pourchassé sur la Seine, tandis que cela, encouragé dans la Loire est réprimé sur le Rhône.

Grand est donc le nombre des opprimés et c'est avec des monceaux de réclamations sous les yeux que j'écris ce chapitre répondant aux récriminations trop justifiées de mille et trois confrères : MM. Nicole, Ruigger, Bary-Gautron, Lebeau, Bossu, Jacquot, A. Deraisme, Fabus, Vally, Castel, Leclaire... etc... etc... qui, tous, ont été victimes des fantaisies administratives de fonctionnaires préposés à la garde des eaux et poissons.

Nousrésumerons ainsi toutes les réclamations qui nous été transmises :

Quelles sont les pêches permises, quelles sont les pêches défendues ?

Que doit-on entendre par ligne flottante ?

Peut-on pêcher avec plusieurs lignes ?

Les marais, les canaux, les étangs sont-ils assimilés aux fleuves ?

Quels sont les droits des intéressés en temps de chômage et en face des réserves ?

Est-il licite de pêcher à la cuiller et peut-on employer les pelotes ?

Chacune de ces questions trouvera sa réponse dans un chapitre spécial ; nous ne donnerons ici, tout d'abord, que les paragraphes principaux des lois et ordonnances sur la pêche :

Article premier. — Le droit de pêche sera exercé au profit de l'Etat.

1° Dans tous les fleuves, rivières, canaux et contre-fossés navigables ou flottables, avec bateaux, trains ou radeaux, et dont l'entretien est à la charge de l'Etat ou de ses ayants cause ;

2° Dans les bras, noues, boires et fossés qui tirent leurs eaux des fleuves et rivières navigables et flottables, dans lesquels on peut en tout temps passer ou pénétrer librement en bateau de pêcheur, et dont l'entretien est également à la charge de l'Etat.

Sont toutefois exceptés les canaux et fossés existants, ou qui seraient creusés dans des propriétés particulières.

ART. 2. — Dans toutes les rivières et canaux autres que ceux qui sont désignés dans l'article précédent, les propriétaires riverains auront, chacun de leur côté, le droit de pêche jusqu'au milieu du cours d'eau, sans préjudice des droits contraires établis pas possession ou titres.

ART. 5. — Tout individu qui se livrera à la pêche sur les fleuves et rivières navigables ou flottables, canaux, ruisseaux ou cours d'eau quelconques sans la permission de celui à qui le droit de pêche appartient, sera condamné à une amende de vingt francs au moins et de cent francs au plus, indépendamment des dommages-intérêts.

Il y aura lieu en outre à la restitution du prix du poisson qui aura été pêché en délit, et la confiscation des filets et engins de pêche pourra être prononcée.

Néanmoins, il est permis à tout individu de pêcher à la ligne flottante tenue à la main, dans les fleuves, rivières et canaux désignés dans les deux paragraphes de l'article Ier de la présente loi, le temps du frai excepté.

Art. 24. — Il est interdit de placer dans les rivières navigables et flottables, canaux et ruisseaux, aucun barrage, appareil ou établissement quelconque de pêcherie ayant pour objet d'empêcher entièrement le passage du poisson.

Art. 25. — Quiconque aura jeté dans les eaux des drogues ou appâts qui sont de nature à enivrer le poisson ou à le détruire sera puni d'une amende de 30 francs à 300 francs, et d'un emprisonnement d'un mois à trois mois.

Art. 26. — Des arrêtés déterminent :

1º Les temps, saisons et heures pendant lesquels la pêche sera interdite dans les rivières et cours d'eau quelconques.

2º Les procédés et modes de pêche qui, étant de nature à nuire au repeuplement des rivières, devront être prohibés.

3º Les engins, filets et autres instruments qui seront défendus...

4º La dimension de ceux dont l'usage sera permis...

5º Les dimensions au-dessous desquelles les poissons de certaines espèces ne pourront être pêchés et devront être rejetés.

6º Les espèces de poissons avec lesquelles il sera défendu d'appâter.

Suit une longue série d'articles énonçant les peines, — toujours doublées pour les délits commis la nuit, — délits qui pourront être constatés aussi bien par les gardes spéciaux que par les gendarmes, gardes champêtres, éclusiers, etc...

A première vue, cette loi semble draconnienne et elle l'est; aussi le pêcheur à la ligne ne saurait-il prendre trop de précautions...

En ce qui regarde les poissons qui ne peuvent être pêchés et doivent être rejetés, — nécessité souvent cruelle quand la bredouille apparaît menaçante, — l'article 3 du règlement du préfet de la Seine indique :

1º Les truites, carpes, barbillons, ombres, brêmes, brochets, chevennes ayant moins de 160 millimètres entre l'œil et la naissance de la nageoire de la queue.

2º Les tanches, perches, gardons, lottes et autres encore ayant moins de 135 millimètres.

3º Les anguilles ayant moins de 75 millimètres de tour au milieu du corps.

Notez que les gardes pêche ont, en tout temps, le droit de visiter votre boutique, vos paniers et vos filets.

D'un autre côté :

S'il est défendu d'enivrer et de faire mourir le poisson en jetant dans l'eau des substances nuisibles telles que : coque du Levant, chaux, noix vomique, momie tithymale, sucs pourris de lins et de chanvres rouis, etc., etc., les amorces de fond sont permises.

On peut donc en toute sécurité amorcer selon son bon plaisir avec des asticots, des vers, du pain, du blé, du chènevis, du sang caillé et autres petites sucreries, qui, pour le poisson, composent un régal choisi.

Il est aussi permis de mettre à sa ligne plusieurs hameçons et d'y accrocher selon sa fantaisie : les vers de vase, sauterelles, cerises, grillons, mouches, raisins, crevettes, fèves et tous condiments dont la gent aquatique fait volontiers chère lie.

De même, la pêche au vif est permise, et vous pouvez amorcer vos bricoles avec des goujons, lottes, ablettes, gardons, vérons, morts ou vivants ; plutôt vivants, car ces fiers barons des rivières, les terribles brochets, se jettent plus volontiers sur le poisson qui frétille et ce mauvais exemple est suivi par leurs hautes et puissantes seigneuries... les truites et les perches.

Par ainsi, ami pêcheur, vous pouvez vous livrer à la recherche du fugitif habitant des eaux, mais n'ayant pour seule arme que la *ligne flottante tenue en main et suivant le fil de l'eau...*

Tenue en main, c'est-à-dire que vous ne pouvez pêcher avec plusieurs lignes, que vous seriez obligé de piquer sur la berge ; vous n'avez droit qu'à une ligne, celle que vous tenez à la main, et, celle-ci, vous ne pouvez même pas la placer à demeure sur le sol, à vos côtés.

Bien entendu, un pêcheur a toujours le droit de quitter un instant sa ligne pour se moucher, allumer une cigarette, boire un verre de cognac, ou préparer une empile, mais encore faut-il que la ligne soit à ses côtés, à portée de sa main et seule.

Nous parlons ici de la *ligne tendue et armée* posée dans votre bateau ou près de votre place, il vous est, en revanche, permis de conserver une douzaine de lignes de rechange non tendues, non armées, un simple bagage à portée de la main en cas d'accident.

De la *ligne flottante*.

— Qu'appelle-t-on *ligne flottante*… ?

— Parbleu, une ligne qui flotte !

— Certes, mais il a fallu un procès retentissant pour faire admettre cette vérité plus limpide que l'eau de roche...

Il y a quarante ans, les tribunaux, les agents, les gardes-pêche et les fermiers n'étaient point d'accord avec les pêcheurs sur la signification de « ligne flottante. »

De tout temps, les lignes flottantes avaient été garnies de quelques grains de plomb destinés à favoriser l'immersion rapide de l'hameçon, mais certains fermiers de pêche, trop féroces et leurs gardes-pêche plus processifs encore, ne voulurent point l'entendre ainsi, et, torturant la loi, prétendirent que la présence d'un seul grain de plomb transformait la ligne flottante, qui était permise, en ligne de fond, engin prohibé.

Nombre de procès furent ainsi dressés contre des délinquants trop timides ; d'un naturel paisible, le pêcheur, ainsi mis en contravention, se défendait peu ou point, et préférait payer une légère amende plutôt que d'encourir les ennuis d'un procès.

C'en était fait de la pêche à la ligne, c'en était fait du « Monde des pêcheurs » quand un fabricant d'ustensiles de pêche, M. Moriceau, voyant son industrie péricliter par suite de ces vexations irrégulières, voulut faire juger la chose à fond.

En conséquence, il écrivit au garde-pêche du dix-huitième canton du département de la Seine que, le 17 février 1851, à huit heures du matin, il pêcherait, à un endroit déterminé, avec une ligne flottante garnie de plomb.

A l'heure dite, M. Moriceau se rendit à l'endroit désigné, jeta sa ligne garnie de deux hameçons et de deux plombs n° 4, et se mit tranquillement à pêcher.

A l'heure dite aussi, le brigadier garde-pêche vint se camper derrière M. Moriceau, regarda un instant la flotte suivre le courant pour dresser un procès-verbal, en foi de quoi, M. Moriceau fut traduit devant la 7e chambre correctionnelle.

Les juges de la 7e chambre n'étaient pas, — il faut le croire, — pêcheurs émérites, car ils condamnèrent M. Moriceau à 20 francs d'amende et à 5 francs de dommages-intérêts envers le fermier de pêche :

« Attendu que la loi, n'ayant pas défini la nature de la ligne flottante, il appartient aux tribunaux de l'apprécier.

« Qu'on doit entendre par la ligne flottante celle dont l'hameçon reste à la surface de l'eau sans être entraîné vers le fond de la rivière par un poids quelconque; que, dans l'espèce, la ligne saisie est garnie de deux plombs n° 4 et ne peut être considérée comme ligne flottante, par ce motif que l'addition des deux plombs devait la faire plonger dans la partie inférieure de la rivière, qu'ainsi la ligne dont s'est servi Moriceau est une ligne prohibée.

» Condamne... etc. »

M. Moriceau interjeta appel et son défenseur, Me Nogent-Saint-Laurens, attaqua le jugement rendu,

Le jugement, déclara-t-il en substance, a confondu la *ligne volante* avec la *ligne flottante*... la ligne flottante a toujours plongé dans l'eau; s'il en était autrement on ne prendrait presque jamais aucun poisson, si ce n'est de très petits qu'il est défendu de prendre...

- Le jugement assimile la *ligne flottante* à la

ligne dormante, ou ligne de fond qui est prohibée...

Enfin, nous demandons à la cour de déclarer *ligne flottante* une *ligne qui flotte;* il est impossible de formuler une demande plus simple et plus naïve...

A la suite de cette plaidoirie, la cour rendit un arrêt longuement motivé dont voici les traits principaux :

« Considérant que, dans leur sens naturel, les mots de *ligne flottante* indiquent une ligne que le mouvement seul de l'eau rend mobile et fugitive et qu'il faut que le pêcheur ramène sans cesse à lui ; qu'un usage constant a consacré cette interprétation...

» Qu'il suffit, pour que la ligne ne cesse pas d'être flottante, qu'elle soit constamment soumise au mouvement du flot et du courant de l'eau, et, par conséquent, que l'appât ne repose pas au fond et n'y reste pas immobile...

» Que la loi exige seulement que le pêcheur tienne à la main la canne destinée à rejeter la ligne en amont toutes les fois que le courant la fait flotter en aval à une trop grande distance ;

que décider qu'une ligne n'est flottante que lorsqu'elle ne flotte qu'à la superficie de l'eau par le seul poids de l'hameçon serait donner un sens restrictif aux expressions de l'article 5 ci-dessus et rendre illusoire la permission de pêche à la ligne flottante résultant du dit article...

» Que, dès lors, et par les motifs ci-dessus désignés, la ligne dont s'est servi Moriceau devant être considérée comme flottante, la prévention n'est pas établie ;

» Met l'appellation et le jugement dont est appel au néant ; décharge Moriceau des condamnations contre lui prononcées et... condamne l'administration forestière... etc.

Pour un bon procès ce fut un bon procès, car il mit fin aux mille et une vexations dont les pêcheurs à la ligne se trouvaient l'objet.

Cette jurisprudence est encore souveraine aujourd'hui et doit être présente à la mémoire de tous les disciples de saint Pierre : car ce jugement dont nous n'avons donné que les extraits principaux peut être considéré comme une sorte de catéchisme piscatorial.

Des *lignes flottantes*.

— Quelles sont les lignes flottantes en usage?

— Trois sont usitées, admises et approuvées depuis longtemps ; une quatrième, — la ligne de pêche à la cuiller, — jadis harcelée n'est plus discutable aujourd'hui, depuis un jugement récent qui l'autorise, nous lui consacrerons, du reste, plus loin, un chapitre spécial.

Les lignes flottantes sont :

1° La ligne flottante, dite *ligne au coup*, garnie d'une flotte en plume, en liège, en porc-épic ou en bambou, et armée de plombs et d'hameçons ; c'est la ligne commune.

2° La *ligne à fouetter*, tout en racine ou en crins, portant à peine un léger plomb, mais garnie de plusieurs hameçons. C'est en fouettant l'eau et en ramenant sans cesse vers lui la ligne d'un mouvement continu et cadencé que le pêcheur enlève le poisson.

3° La *ligne à la volée*, sans flotte ni plomb ;

cette ligne, dont la canne est fort longue et le fil assez court, est destinée à pêcher loin du bord et à la surface de l'eau ; on l'amorce généralement avec des mouches et des sauterelles.

Comme la *ligne à la cuiller*, ces trois lignes trouveront, à des chapitres spéciaux, avec exemples à l'appui, leur théorie, leur emploi et surtout leurs légendes.

CHAPITRE III

OUVERTURE ET FERMETURE

Voulez-vous me suivre un instant.

Nous allons à l'ex-palais du Trocadéro, aujourd'hui dénommé « Ministère des sports. »

Devant l'engouement du public, un nouveau président du conseil des ministres, pour satisfaire un nouveau groupe de députés, a créé une nouvelle fournée de ministres qui ont choisi de nouveaux sous-secrétaires, tous plus compétents les uns que les autres, et qui étonnent leur « personnel rassemblé pour la circonstance » par la profondeur de leurs théories.

Pénétrons dans les dessous du Trocadéro.

Nous sommes à l'entrée du grand aquarium : « Au sous-secrétariat de la pêche et des poissonneries »... Un succédané rural de la « marine et des colonies ».

Justement, voici la grande salle du conseil, où des examinateurs brevetés font passer à quelques timides néophytes les examens nécessaires pour obtenir le diplôme de bachelier ès-pêche, conférant seul le droit de se servir des fleuves, rivières et canaux de l'État...

LE PROFESSEUR. — Elève Dugoujon, levez-vous, approchez et venez répondre à notre interrogatoire...

DUGOUJON. — Voilà, m'sieu.

LE PROFESSEUR. — Vous savez toutes les difficultés qui attendent ici les candidats, leur nombre toujours croissant ayant obligé monsieur le sous-secrétaire à élever la moyenne des points...

DUGOUJON. — Le pêcheur est un soldat modeste mais discipliné dans le combat de la vie...

LE PROFESSEUR. — Cela suffit, répondez simplement à mes questions :

— Pourquoi avons-nous une « Ouverture de la pêche? »

Dugoujon. — Parce qu'il y a une « Fermeture... »

Le professeur. — Parfaitement, et pourquoi avons-nous ladite « Fermeture... »

Dugoujon. — Le gouvernement nous raconte que c'est à cause du frai...

Le professeur (souriant). — Le gouvernement... précisez...

Dugoujon. — Je veux dire le ministère de l'agriculture, celui des finances, des travaux publics, de l'intérieur, de la marine, du commerce, de la justice...

Le professeur. — C'est cela... vous cherchez en vain des pêcheurs ou des gens spéciaux, vous ne voyez que des politiciens qui s'y connaissent en frai comme un avocat s'y connaît en bâtisse...

Dugoujon. — Mais nous avons aujourd'hui un sous-secrétaire d'Etat à la pêche qui doit changer ce vieux « code forestier », il nous l'a solennellement promis, c'est un fabricant de baleines pour corsets, il doit s'y connaître...

Le professeur. — Pas de politique, revenons au frai ; la fermeture a-t-elle une utilité quelconque à ce point de vue?...

DUGOUJON. — Oui m'sieu, en ce qui regarde les pêcheurs à l'épervier, à la nasse, aux verveux, à la ligne de fond, à la seine, à l'échiquier...

LE PROFESSEUR. — Mais pour les pêcheurs à la ligne ?

DUGOUJON. — La mesure est aussi inutile que vexatoire, jamais un pêcheur à la ligne n'a dérangé le poisson, et ce n'est pas un ver se promenant dans l'eau au bout d'un hameçon qui peut arrêter le frai dans une rivière...

LE PROFESSEUR. — Tous les poissons frayent-ils à la même époque ?

DUGOUJON. — Non m'sieu, beaucoup ont frayé avant la fermeture, beaucoup frayent après, ni eux ni les pêcheurs ne s'en portent plus mal.

LE PROFESSEUR. — Alors, pourquoi avons-nous une « Fermeture » ?...

DUGOUJON. — Parce qu'il y a une Ouverture...

LE PROFESSSUR, *aux candidats*. — Voici, messieurs, très suffisamment et très pratiquement expliquées l'« ouverture » et la « fermeture » de la pêche... le sieur Dugoujon est admis à l'examen oral...

En réalité, il n'y a pas de vacances pour un pêcheur, et les mots « fermeture » et « ouverture » sont vides de sens pour lui.

Pendant ces deux mois de relâche, les occupations ne manquent pas.

Mais, en ce moment, nous sommes à l'ouverture. Quand la suite de ce récit nous aura conduit au chapitre de la fermeture, nous expliquerons quels sont les travaux du pêcheur pendant cette période de disponibilité. L'expliquer de prime abord, ce serait mettre la charrue avant les bœufs...

Le pêcheur a généralement fini ses travaux de réparation et d'installation vers les premiers jours de juin ; alors commence sa tournée d'inspection.

Inspections préliminaires.

Visite aux voisins, bonjour aux poissons, petite séance discrète devant « son coup. »

Si le voisin n'est qu'un petit amateur, la con-·

versation prend rapidement un tour gai et bon enfant ; le pêcheur décrit ses nouvelles acquisitions, commente les inventions récentes, dévoile les procédés qu'il compte mettre en usage et parfois révèle le secret de son amorce, preuve de confiance dont l'histoire fournit, du reste, des preuves assez rares.

Mais si le voisin est un pêcheur... Un rival... un ennemi... hum ! ! !

Le pêcheur, plus sage que toute la philosophie grecque, tourne généralement douze fois la langue dans sa bouche avant de desserrer les dents, — exercice de gymnastique interne d'un effet garanti.

Et c'est la langue ainsi tirebouchonnée que le pêcheur parle à l'autre pêcheur — qui tourne aussi sa langue, — des choses des plus indifférentes.

Oyez les deux compères :

N° 1. — Quel temps magnifique... je regardais mes artichauts ce matin, ils sont splendides...

N° 2. — Oui, oui... c'est comme mes espaliers, ça pousse... ça pousse...

N° 1. — Parlez-moi du jardinage...

Nº 2. Malheureusement... il y a beaucoup de chenilles, cette année...

Ici, un silence ; les deux voisins, fiers de cette manœuvre oratoire, se complimentent intérieurement de leur diplomatie...

Comme par hasard, le Nº 1 tourne la tête vers un coin, — trop connu, hélas ! — et semble apercevoir, pour la première fois, quelques gaules et des filets...

Nº 1. — Tiens, eh ! eh !... vous vous préparez à la lutte prochaine...

Nº 2. — Je me prépare sans me préparer, c'est mon neveu qui m'a envoyé de l'Annam une demi-douzaine de bambous qui me paraissent excellents (*d'un air détaché*) voulez-vous me permettre de vous en offrir un, si du moins vous pêchez encore cette année...

Nº 1 (*vexé mais inquiet*). — Merci, merci, je n'accepte pas ; d'abord, je pêcherai beaucoup moins cette saison, il n'y a plus rien à faire, et je suis de la vieille école, moi... je reste fidèle au jonc et au noisetier de nos pères...

Nº 2. — Oh ! vous savez, moi, je ne suis qu'un pêchaillon ; ce que j'en fais, c'est pour tuer le temps, tandis que vous...

2.

N° 1 (*aigrelet*). — Moi! je ne suis qu'une mazette près de vous, aussi j'y renonce, du reste ma femme me disait encore ce matin : « Pense à tes rhumatismes... Auguste!... »

N° 2. — Moi, c'est mon lumbago dans l'épaule droite... un scion me fatiguerait...

A ce moment le N° 1 et le N° 2 se lèvent, se serrent les mains, se disent adieu, au revoir; mais c'est une feinte, une préparation d'attaque compliquée...

N° 1. — Sur ce, au revoir, je vais à la ville acheter du plant de romaines...

N° 2 (*empressé*). — Attendez... je vais vous accompagner un bout de chemin, il faut que j'aille jusqu'à mon petit bois casser quelques gaules pour ramer mes pois...

N° 1 (*goguenard*). — Si vous ne pêchez plus, vous pourriez employer vos cannes de l'Annam...

N° 2. — Ma foi, si ce n'était pas un cadeau de mon neveu...

N° 1, — Sont-elles lourdes ?

N° 2 (*navré*). — Une plume!... mais venez donc les voir de près... vous, un connaisseur...

N° 1 (*se dirigeant vers la resserre*). — Merci,

je suis bien pressé... mais pour vous être agréable...

N° 2. — Je vous en prie...

Le but est atteint, les deux rivaux sont aux prises, attention...

Le N° 1 prend les gaules, les soupèse, les tend, ferre et referre d'un coup sec, il sourit, ses cannes sont meilleures, elles viennent de Java ; voyant ce sourire, le N° 2 pense qu'il est devancé et se propose d'aller voir le N° 1, dans une heure ou deux, avant qu'il ait eu le temps de cacher ses acquisitions...

N° 1. — Excellentes, légères, bien en main...

N° 2. — Il faudra voir à l'usage...

Pendant ce temps, l'œil du N° 1 furète de tous côtés, il fouille les recoins, soulève les filets, perce les paniers...

N° 1. — Tiens... j'aperçois là-bas des *irlandais* nouveau modèle. — Vous les montez vous-même... sur crin..... Ah! mon gaillard ; vous lèverez de jolis gardons avec ça... Voilà du beau florence... Tiens, vous avez fait venir des *Hemmings* d'Angleterre, moi je préfère les *Limerick*... Quelles empiles ! Ah ça !.. mais c'est pour la carpe ou le barbillon !...

N° 2 (*furieux*). — Il faut bien s'occuper, je bibelotte un peu dans mes moments perdus; comme cela, si l'envie me prend d'essayer un coup de ligne, je suis toujours prêt... encore c'est plutôt pour les amis, les invités!...

Le N° 1, qui a tout vu ce qu'il voulait voir, se hâte de quitter le N° 2; il est renseigné sur les préparatifs, les forces et les réserves de l'ennemi; il compare, il examine sa situation, il prend note des lacunes à combler et se promet surtout de dissimuler son attirail au voisin...

Projets insensés et téméraires !

Le N° 2 viendra chez le N° 1 comme le N° 1 est venu chez le N° 2; il pénétrera dans les cachettes les plus dissimulées et rien non plus ne lui échappera des appareils et des projets de son hôte...

L'œil du pêcheur est prompt; sa mémoire, fidèle; son nez, un guide précieux.

Ne cherchez pas à lui dissimuler vos amorces ou vos appâts; il jauge, à l'odeur, la quantité de pain de creton, de chenevis, de fumier, d'asticots, d'orge, de safran et de fromage qui entre dans la composition de votre pâtée; il jauge, avise et fait son profit.

CHAPITRE IV

PÊCHEURS ET CANOTIERS

Avant de saluer l'aurore, le vrai pêcheur donne :

Le Bonjour aux Poissons.

C'est après la visite aux voisins.

Regardez tout le long, le long de la rivière, ces bons et tranquilles promeneurs ; ils n'ont l'air de rien et cependant ils étudient consciencieusement la rivière et notent les sauts des carpes, les affouillements des barbillons, les poursuites des perches et des brochets...

Notre promeneur s'approche de la berge, il

jette quelques boulettes de mie de pain dans l'eau et une pincée de grains d'un blé choisi, préparé spécialement pour cette inspection importante...

Bon, l'ablette est gourmande et saute sur l'appât, c'est d'un excellent augure; le ventre rouge des gardons, les larges flancs grisâtres des brêmes, les dos noirs des chevennes paraissent, passent et brillent sous l'eau... parfait... parfait... parfait !...

Mais la grande préoccupation du pêcheur, le cauchemar de ses nuits, le souci de ses jours, est « son coup »...

Ce « coup », choisi entre tous, cette place préférée et excellente lui sera-t-elle enlevée ?...

Et son voisin jaloux, qui cherche à détruire son « coup » en créant un « coup » voisin en aval ; si encore c'était en amont, il profiterait de l'amorce rivale que le courant lui apporterait...

Eh quoi! son amorce, ses boulettes malaxées avec complaisance, jetées avec recueillement, profiteraient à un rival, porteraient l'appât sur son « coup » !...

Jamais, plutôt la bredouille... et cependant,

s'il veut conserver son « coup » et réunir les poissons pour l'ouverture, il faut de l'amorce, encore de l'amorce, toujours de l'amorce...

Son voisin jette une boulette, il en lancera dix, et puis, il les lancera un peu plus haut et les fera plus lourdes et plus pétries...

Un vrai pêcheur ne vagabonde pas au hasard sur une rivière ; il a, en effet, une place choisie qu'il a créée et dont il connaît à fond les ressources...

Pour conserver à cette place, à ce « coup », toutes ses qualités et tous ses habitués, il faut l'entretenir continuellement et ne pas passer une journée sans l'appâter d'une façon quelconque, — même pendant la période de fermeture, — de telle sorte que les poissons, accoutumés à trouver là chaque jour le vivre et le couvert, reviennent sans cesse et sans cesse plus nombreux, plus affamés et moins défiants...

Toutes les amorces, tous les appâts sont bons ; le poisson fait ventre des produits les plus hétérogènes.

Quelques jours avant l'ouverture, le pêcheur amorce régulièrement son « coup » deux fois par jour à heures fixes.

— Mais si on lui prenait sa place…?

La chose est peu probable, la place est une chose sacrée et les pêcheurs respectent les coups de leurs rivaux ; les pêcheurs à la ligne s'entend, car les pêcheurs d'épervier ne se font pas faute, la nuit surtout, de venir jeter leur filet redoutable sur un coup qu'ils savent bien amorcé…

Aussi, pour éviter toute concurrence, le pêcheur plante ses fiches la veille à la place qu'elles occuperont toute l'année, amarre son bateau, et, s'il le faut, comme un autre Alexandre, passe la nuit sur le champ de bataille, attendant que l'aurore entr'ouvre les portes de l'Orient.

Pêcheurs et Canotiers.

Autant de pêches différentes, autant de types de pêcheurs.

Vous avez souvent entendu dire que ce qui ressemble le plus à un fromage de Brie, c'est un autre fromage de Brie ; cette comparaison champêtre ne convient pas au pêcheur.

Le pêcheur d'ablettes est gai, bon enfant, ami de la gaudriole, prêt à l'attaque comme à la riposte...

Un canotier passait près de sa ligne avec son as, plumant et sciant pour faire rire la galerie...

Notre pêcheur d'ablettes le salue gravement... Quelque peu étonné, le canotier soulève sa casquette en demandant :

— Vous m'connaissez donc ?

— Non, mais je me découvre toujours en voyant quelqu'un dans son cercueil...

Notre canotier fuit encore...

Le pêcheur de goujons est plus calme, plus digne, dédaigne son confrère ès-ablettes et raconte volontiers : « que toute la blanchaille du monde ne le ferait pas sortir de sa chambre... »

En général, le pêcheur à la ligne flottante est d'humeur agréable et facile ; le pêcheur à la pelote, sombre et concentré ; le pêcheur à la cuiller, jovial et bruyant...

Le pêcheur qui pêche du bord a un ennemi intime : le promeneur.

Le dimanche surtout, alors que les berges sont envahies par une population enfiévrée, curieuse, disposée à tout regarder, à tout apprendre, à tout savoir, le pêcheur subit de rudes attaques et sa patience est mise à de terribles épreuves.

Prend-il un gardon ; quarante personnes l'entourent à l'instant...

— Oh ! le beau !

— C'est une carpe...

— Non, un esturgeon...

— Parions qu'il pèse au moins six livres...

— Enfin, j'ai donc vu prendre un poisson !...

— Oh ! si vous aviez vu ceux que j'ai pris en 1840, dans l'Amérique du Nord...

— Etc., etc., etc.

Mais cela n'est rien encore, ce sont les interpellations directes au pêcheur :

— Eh bien, ça mord-il aujourd'hui...?

— Bon temps pour la pêche... est-ce que vous en avez déjà pris ?...

— Eh mais, vous avez déjà là une gentille friture ; ne touche pas les asticots, Joseph, demande plutôt au monsieur qu'il te donne un goujon pour pêcher au vif, ou une petite brême pour ta tante qui a mal à l'estomac.

LE PÊCHEUR (*qui entend remuer son sac et sa boîte*):

— Ah çà, vous n'allez pas me fiche la paix, allez donc voir là-bas si j'y suis...

LE PROMENEUR (*s'éloignant*). — Sont-ils grossiers tous ces *gensses-là*...

Le pêcheur qui opère dans son bateau, à quelques mètres du bord, se moque des promeneurs de la berge, mais il a un ennemi acharné : le canotier ; c'est une guerre continue, sans trêve, ni merci ; sans pitié ni repos...

LE PÊCHEUR. — Oh ! du bateau... oh !... vous ne pourriez point passer un peu au large... voyez pas qu'il y a des lignes tendues...

LE CANOTIER. — C'est-il que vous avez loué la rivière pour votre usage personnel ?...

LE PÊCHEUR. — Espèce d'imbécile !...

LE CANOTIER. — Vieux crétin...

Et celui-là disparaît, mais un autre lui succède, puis un autre, encore un autre...

LE PÊCHEUR. — Oh ! du bateau... attention derrière vous... sapristi... je vous ai crié... Prenez donc garde, vous allez chavirer... vous cassez ma ligne... oh !...

LE OU LES CANOTIERS. — C'est de votre faute, on n'a pas le droit de boucher ainsi la rivière avec un sabot pareil !...

LE PÊCHEUR (*vexé*). — Sabot vous-même;... quand on ne sait pas conduire un bateau, on ne va pas sur l'eau...

LES CANOTIERS. — Et va donc, feignant, propre à rien, marchand d'asticots, tête de zinc, vieille hypothèque !...

LE PÊCHEUR (*très digne*). — Tas de récidivistes... retours de Nouméa... (*A son voisin*). La jeunesse, aujourd'hui, est bien mal élevée ; plus nous allons, plus les expressions augmentent de crudité et de vulgaire... Attention, je suis touché...

En principe, s'il faut laisser les roses aux rosiers, il faut aussi laisser les pêcheurs à leur pêche.

Ne demandez jamais de poisson à un pêcheur pendant sa séance ; il serait furieux, car vous lui enlèveriez le plaisir de rentrer avec un filet plein et d'expliquer la capture de ses principales pièces, les auditeurs, — méfiants par nature — ne croyant que ce qu'ils voient...

C'est ainsi qu'une mélodie célèbre sut inspirer un jour ce véritable disciple de saint Pierre que je surpris chantonnant entre ses dents :

« Lorsque passant sur la rivière
Le canotier voit son bateau,
Et, lui demandant un barbeau,
Reçoit une friture entière...
Est-ce un pêcheur ? dites-le moi !
S'il a du cœur, a-t-il la foi ?

Qu'en dis-tu, ô grand Benjamin....

Après la pêche, vous pouvez tout oser, le pêcheur, n'aimant généralement pas le poisson, est enchanté de faire quelques largesses à des amis qui vont partout chanter ses louanges et prôner ses exploits.

Qui pêche ?

Aujourd'hui — disons-le sans honte — tout le monde pêche ; déjà, maintenant, on commence à l'avouer ; demain, on s'en vantera ; plus tard, on s'en parera... L'ouvrier, le bourgeois, le gentilhomme ; le tiers-état, le clergé, la noblesse ; grands et petits, riches et pauvres, crétins et prodiges, braves et poltrons, tous, tous... nous pêchons...

Or, je note avec un certain plaisir que la pêche recrute ses plus fervents adeptes parmi les escrimeurs, les chasseurs et les littérateurs... ; eh ! ma foi, oui, la pêche, la vraie, est un sport qui en vaut bien un autre, et tous les gens d'esprit sont des premiers à goûter ses douceurs... Ainsi, les professions libérales apportent leur contingent, plus peut-être encore que les autres : notaires, ingénieurs, instituteurs, banquiers, inventeurs, calculateurs, artistes, chanteurs, comédiens, négociants, officiers, voire hommes politiques...! sacrifient à la pêche une bonne partie de leurs loisirs.

Si je regarde autour de moi, parmi mes confrères de la presse parisienne, compagnons de chasse ou adversaires en fait d'armes, je ne vois que des complices de pêche...

Et parmi les plus intrépides : Adrien Marx, le baron de Vaux, Montjoyeux, Diguet, Dené-

cheau, Gros-Claude, Franconi, Lévy-Delmare,
Carle des Perrières, Frazey, Bluysem, Dalle-
magne, Barbier, Lordon, Lepelletier, Victor
Simond, A. Pinard, A. Lehec, L. Bloch, Cor-
nély, Duchesnois, Louis Germont, M. Roux,
M. Paz, Doriat, F. Bourgeat, L. Launay,
P. Eyriès, J. Derriaz, Kisch, Renouard,
Muret, Ch. Savart, L. Adam, A. Lopin,
E. Richard, Dalséme, G. Lefebvre, Montet,
L. Noir, Sérignan, Chapelou, R. de Cuers,
R. Kemp, E. Cohl, Ch. Schiller, Lutier, A.
Aubert, etc., etc… En un mot, toute la gamme !

CHAPITRE V

LA PÊCHE DE JUIN — LA BLANCHAILLE

En indiquant la pêche d'un mois, — comme nous le ferons successivement pour la pêche de juillet, août, septembre, etc., — nous n'avons pas la prétention d'affirmer que tel poisson se pêche spécialement en juin ou en septembre, ou qu'il est indispensable d'attendre exactement la première semaine de novembre pour attaquer tel autre.

Non ; mais tous les pêcheurs savent fort bien que certains poissons se capturent plus facilement à des époques déterminées.

Il est des poissons qui aiment les fortes chaleurs, d'autres les temps orageux ; ceux-ci préfèrent les eaux boueuses et les vents du Nord, ceux-là attendent la pousse des herbes et le retour de la manne.

Lors de l'ouverture de la pêche, aucun amateur n'est encore bien réellement fixé sur le poisson qui donnera « au coup » qu'il a préparé.

Le barbillon est-il resté fidèle ? la brème n'a-t-elle pas fui vers des parages plus hospitaliers, pourra-t-on piquer encore quelques-uns de ces jolis gardons de fond aux flancs nacrés et aux nageoires rouges, et des chevennes aux larges reins ?

Il arrive souvent qu'une place jadis préférée par la carpe, et que vous avec entretenue avec amour de fèves et de pain choisi, est abandonnée par ladite commère.

Vous jetez votre ligne... ça mord... vous ferrez... la défense se fait sentir, vous tirez, et, grâce à l'épuisette, vous amenez un magnifique... mulet.

Le mulet, d'importation récente en nos rivières, s'est multiplié d'une façon étonnante et déplorable ; car, malheureusement, sa qualité n'égale point sa quantité.

Si vous prenez un mulet, soyez sûr que vous

3.

en prendrez dix, vingt, cent, au même endroit, surtout si vous êtes très finement monté.

Aussi, pendant les premiers jours de l'ouverture, c'est-à-dire dans le courant de juin, le pêcheur s'amuse-t-il souvent à lever la blanchaille et à taquiner le goujon.

La pêche de la blanchaille lui donne l'occasion de parcourir la berge, d'étudier les bords de la rivière, de flâner à droite et à gauche, de se mettre au courant des nouvelles, de voir les résultats obtenus par les voisins, en un mot, de préparer sa vraie campagne de juillet.

En pêchant le goujon, — ce qui est une excellente école et une distraction agréable et pleine de promesses pour la table, — on étudie le fond de la rivière, le nombre et la nature des poissons qui y ont installé leurs pénates.

Si la place est bonne, vous serez certainement touché par un barbillon, une brême, quelque chevenne, des gardons et des perches ; vous amorcez alors, tout doucettement, et, sans abandonner le délicat goujon, vous préparez un excellent « coup », soit pour une coulée, soit pour la pelote.

Un habile preneur de blanchaille et ferreur

de goujon est bien près d'être un excellent pêcheur.

Par blanchaille, nous entendons : les ablettes, vandoises, vérons, petits gardons et chevennes de surface, péteuses, petites brêmes, etc.

Comme pour toutes les pêches, il faut appâter dès la veille ; le mieux est de jeter quelques boulettes de terre glaise pétries avec du pain, du crottin de cheval et remplies d'épine-vinette, de blé et de chènevis...

Cette amorce est excellente pour le gardon, la brême et le chevenne. Voulez-vous faire mieux les choses ? Laissez glisser au fond de l'eau un panier rempli de sang de bœuf caillé, judicieusement mêlé de bouse ; c'est le mets chéri de l'ablette, et elle se fait frire pour en goûter.

Pour l'ablette, servez-vous d'une ligne faite d'un seul crin, avec une plume très fine, deux ou trois hameçons n° 16, et un léger grain de plomb.

Pêchez à l'asticot, en jetant de temps à autre, autour de votre ligne, une pincée de cette graine qui remue.

Ce que nous disons de l'ablette s'applique

exactement à la vandoise, à la péteuse et au véron.

Pour le petit gardon comme pour la brême moyenne et le chevenne ordinaire, il faut employer une ligne un peu plus forte : un cordonnet très fin, ou cinq ou six crins tordus ensemble, quelques plombs et des hameçons n° 12.

Après avoir appâté comme il a été dit, amorcez votre ligne avec du blé, de l'épine-vinette ou du ver rouge.

Les gardons, brêmes et chevennes de forte taille sont toujours au fond de la rivière; mais, alors, ils ne sont plus comptés dans la blanchaille et forment l'objet d'une pêche spéciale.

Le mois de juin, comme les mois de juillet, d'août et de septembre, sont des mois excellents pour la pêche de la blanchaille.

C'est la joie des grands-papas, que la pêche savante fatigue, et un passe-temps très agréable pour les jeunes femmes habitant des propriétés situées au bord d'une rivière.

Du reste, dans cette pêche anodine, mais très délicate, les femmes excellent (quoique le silence soit de rigueur), et rendent des points au sexe fort.

En août et septembre, cette pêche est aussi le divertissement préféré des professeurs et des collégiens ; par suite, la consolation des parents, la désolation des grognards et l'égayement d'une rivière.

Mais si la blanchaille peut se pêcher utilement en juin, il n'en est pas de même du goujon.

On peut tâter le goujon dès l'ouverture, pour se faire la main, mais la véritable pêche de ce délicat cyprin ne commence, en réalité, qu'au mois d'août, alors que les herbes jettent leurs premières tiges et que les eaux basses permettent aux rayons du soleil de caresser plus directement les sables argentés, sur lesquels le goujon passe son existence vagabonde.

Nous y reviendrons...

Cependant, faute de goujon, on peut servir, sans déshonneur, une bonne friture de blanchaille sur la table ; la blanchaille, jetée sitôt prise dans la poêle, forme un apéritif qui contente les plus difficiles.

CHAPITRE VI

PÊCHE DE JUILLET. — LA CARPE

La Fontaine nous a jadis parlé de la carpe de rivière :

> Ma commère la carpe y faisait mille tours,
> Avec le brochet, son compère.....

dit-il en parlant de cette reine des cours d'eau de France.

La pêche à la carpe est, en effet, l'une des plus importantes et des plus difficiles, et j'aurais été fort probablement embarrassé pour vous la décrire de façon savante, quand, ces jours derniers, parlant de mes préoccupations à la salle d'armes...

— Oh ! oh ! me direz-vous...

On ne s'attendait guère
A voir l'escrime en cette affaire !

— Pardon ! vous ignorez probablement qu'une bonne partie de nos grands maîtres en fait d'armes et certains de nos plus habiles ferrailleurs ont été, sont ou seront des fanatiques de la pêche à la ligne.

Il me suffira de citer parmi les premiers : feu Gâtechair, puis Jacob, Caïn, Vigeant, Collin, Varille, Spill, etc... qui manient la ligne tout aussi bien que le fleuret, et, grâce, peut-être, au sentiment inné du fer qu'ils possèdent, vous ferrent un barbillon tout aussi bien qu'ils vous allongent un dégagement.

Donc, le hasard d'un assaut chez Caïn me mit face à face avec M. Malahar, à qui j'expliquai ma situation ; or, il y a quelque trente années, les pêcheurs de la Seine, émerveillés, désignaient M. Malahar sous le nom de « roi des carpes », royauté bien loin d'être déchue encore ; d'où, par une bonne fortune dont mes lecteurs profiteront aujourd'hui, c'est sous sa dictée que j'écris ce chapitre : « Carpe. »

La pêche de la carpe en rivière est certainement celle qui exige le plus de patience et le plus d'attention soutenue.

La raison en est simple. Ce poisson, arrivé à une certaine taille, ne se présente jamais en bandes, il voyage peu et est d'une méfiance extrême.

Dans les rivières, il recherche volontiers les grands fonds, où l'eau est presque toujours calme ; il s'y cantonne, et, si le matin et le soir il fait quelques excursions dans les environs du trou qu'il a choisi, il y revient toujours, et c'est ainsi que l'on peut constater chaque jour sa présence, presqu'au même endroit, par les sauts qu'il fait hors de l'eau.

On peut pêcher la carpe toute l'année, le matin et le soir de préférence, et, sous tous les rapports, juillet est un des mois les plus favorables.

Le moment le plus favorable est évidemment le matin. Nous avons souvent entendu dire que les premières heures du jour, quatre ou cinq heures étaient préférables ; nous conformant à cette légende enracinée, nous nous sommes souvent rendu dès l'aube sur le lieu de pêche. Eh ! bien il faut l'avouer, après plus de trente années de cette pêche spéciale, nous pouvons affirmer que c'est vers les neuf heures que nous avons fait nos plus nombreuses captures.

Nous avons également beaucoup pris vers les onze heures ; cependant, quoi qu'il en soit, il convient de s'installer de grand matin et surtout, on ne saurait trop le recommander, de procéder à son installation dans le plus grand silence.

Pour mieux atteindre ce but, lorsque le pêcheur a reconnu un endroit favorable, après avoir étudié le fond par des sondages soigneusement faits, après avoir, comme il a été dit, amorcé convenablement la veille ou même deux jours à l'avance, il est bon de procéder à une sorte de répétition pour être certain d'arriver sur le lieu de pêche sans bruit, sans secousse et avec une précision absolue.

Pour cela, soit qu'on ait posé des fiches en rivière ou choisi des branches d'arbres et des buissons comme attaches ou jalons, il convient de préparer son bateau la veille de façon que tout soit à sa place pour le lendemain.

Au jour fixé, il faut arriver en amont du courant, faire au besoin un large détour si le bateau est amarré en aval, et, une fois dans l'axe de la place choisie, se laisser glisser et attacher son bateau au passage sans la moindre secousse.

Cannes et lignes sont naturellement montées déjà et leur position fixée d'avance.

La canne doit avoir une position horizontale, le bouchon ou flotteur, dont la grosseur est toujours proportionnée au plomb et au courant, est placé à trente ou trente-cinq centimètres de l'extrémité du scion.

Le plomb de la ligne repose au fond et se trouve fixé à environ quarante-cinq ou cinquante centimètres de l'hameçon.

Quand le courant est faible et qu'un plomb lourd n'est pas nécessaire, on trouve avantage à se servir d'un bouchon de grosseur moyenne. C'est au pêcheur à s'ingénier pour être en mesure d'augmenter ou de diminuer son plomb, suivant la circonstance, sans démonter la ligne. Le mieux est d'employer un fil de plomb vrillé en tire-bouchon, que l'on augmente ou diminue avec la plus grande facilité.

Comme on peut être attaqué par une carpe

de la plus grande force, on ne saurait apporter trop de soin dans la composition de sa ligne et dans le choix des matières.

La racine surtout doit être triée avec la plus grande attention ; il faut la prendre forte, ronde, sans la moindre tare et même, pour plus de sûreté, monter ses hameçons, n° 1 ou n° 2, sur deux racines vrillées.

Bien qu'un seul hameçon soit suffisant, on peut en mettre un second sur une racine courte, à quarante ou quarante-cinq centimètres du premier et par conséquent assez près du plomb.

Mais ce second hameçon est rarement utile et nous n'en sommes point partisan.

Ce que nous venons de dire s'applique à une pêche qui permet d'avoir une ligne proportionnée à la longueur de la canne, mais on peut également pêcher dans un plus grand fond : 7, 8, 9 mètres, et, comme il n'est guère possible de se procurer une canne de cette dimension, qui, du reste, serait d'un maniement difficile, voici comment il est bon de procéder :

Vous posez une canne à moulinet de cinq mètres à cinq mètres cinquante dans la position horizontale qu'elle doit occuper, puis vous dévidez la longueur de ligne nécessaire, 8, 9, 10 mètres s'il est besoin, après avoir, bien entendu, enlevé le flotteur.

Vous rassemblez ensuite, en les roulant sur l'index de la main gauche, les 2, 3 ou 4 mètres de ligne qui excèdent la longueur de la canne et, saisissant de la main droite, au-dessus du plomb, l'extrémité de la ligne, vous la lancez au large, à la place choisie, en laissant couler le fil. Vous n'avez plus, alors, qu'à observer le bout du scion qui remplit l'office d'avertisseur, exactement comme le bouchon.

Quand le poisson est ferré, on ramène la ligne à la longueur de la canne et on peut facilement se servir de l'épuisette.

C'est ici qu'il faut recommander au pêcheur la plus grande attention, afin de ne pas se laisser surprendre.

La carpe, quoi qu'on ait dit de sa voracité, ne mord pas brutalement et gloutonnement comme beaucoup d'autres poissons. Elle a certainement une prudence et une méfiance extraordinaires, mais celui qui a pratiqué longtemps cette pêche, possède, en quelque sorte, l'intuition de ses manœuvres, de ses mouvements et de ses hésitations pour saisir l'appât et l'avaler.

Le praticien, rompu à cet exercice, comprend, devine, perçoit que la carpe tourne et retourne autour de son appât; quelquefois elle saisit cet appât tentateur tout doucement, le lâche et recommence plusieurs fois ce manège avant de se décider à filer.

Très fréquemment enfin, les plus grosses carpes, comme si elles avaient plus d'expérience, mordent avec une sage lenteur et plus timidement que les petites. C'est pourquoi il faut être attentif, toujour prêt, agir avec sang-froid et ne ferrer que lorsque le bouchon est décidément entraîné.

Quand la pièce est piquée, il faut avoir soin de redresser la canne dans une position verticale, la manœuvrer avec fermeté et douceur à la fois, suivre les mouvements du poisson, éviter les à-coups, rendre, s'il est nécessaire, et à ne jamais s'exposer à avoir la canne dans une position horizontale, si le poisson gagne le large ; dans ce dernier cas, le résultat n'est pas douteux, la ligne est vite rompue et le poisson perdu.

Par ce qui précède, on a pu comprendre que la pêche de la carpe a plutôt lieu à la *ligne dormante* qu'à la *ligne flottante*.

Si vous employez la ligne flottante, rien de mieux ; mais si vous utilisez la ligne dormante, ce qui est préférable, il est nécessaire d'être muni d'une autorisation.

De même, certains pêcheurs *permissionnés* croient avoir plus d'avantage en installant trois, quatre et même cinq cannes sur une place restreinte. C'est une très grande erreur, une très grosse faute.

Passe encore pour deux, mais au-delà, il est impossible de surveiller une si grande quantité de lignes.

Quand on s'occupe de l'une, soit pour changer l'appât, retirer une herbe, etc., etc., on ne voit pas ce qui se passe aux autres. Une carpe mord-elle ? on est surpris et l'on arrive trop tard pour ferrer. La carpe est-elle piquée ? c'est une bien autre histoire ; en moins d'une minute toutes les lignes sont brouillées, emmêlées, les cannes renversées et cassées tombent à l'eau ; le pêcheur perd la tête, va et vient dans son bateau, fait du bruit, et perd une partie de sa journée à réparer les dégâts.

Si parfois l'on peut employer deux lignes, en supposant que l'appât de l'une d'elle vienne à se détacher, nous restons absolument convaincu qu'on ne pêche réellement bien qu'avec une seule.

Car, il ne faut pas s'y méprendre, la carpe n'agit pas comme la plupart des poissons qui s'en vont tirant plus ou moins fort vers le large ou vers le fond. Notre excellente commère, avec une violence et une vigueur extraordinaires, une rapidité incroyable, bondit, s'élance à droite, à gauche, en avant, en arrière, sans laisser au pêcheur une seconde de répit. C'est alors un combat véritable, une lutte sérieuse dans laquelle le pêcheur qui manque de présence d'esprit et ne possède pas une main exercée et des instruments irréprochables est le plus souvent vaincu.

Tout ceci dit pour la carpe de rivière bien autrement vigoureuse que la carpe d'étang.

Dans un étang, les carpes sont généralement plus nombreuses et se promènent volontiers de compagnie; plus naïves et plus confiantes, elles sont aussi bien moins difficiles.

La pêche que nous avons décrite est celle qui se pratique en employant, comme appât, des fèves convenablement cuites ou de la mie de pain bien pétrie et amenée à l'état de mastic. La carpe se pêche aussi avec succès à la pelote, — nous étudierons ce genre spécial à propos du barbillon dont les habitudes et les défenses ont quelques points de ressemblance avec celles de la carpe — mais la vraie et belle pêche de la carpe est celle à la fève et à la mie de pain ; cependant, ce beau poisson mord aussi au blé cuit et au ver rouge, mais ce sont, à vrai dire, des accidents.

» — J'ai éprouvé, — et ici mon maître et adversaire profitait de l'occasion pour me porter une botte assassine, — j'ai éprouvé plus d'une fois, ajoutait M. Malahar, l'inconvénient de pêcher avec plusieurs lignes.

» Un jour, surtout, je me suis trouvé dans un terrible embarras dont je me suis tiré, du reste, très heureusement, contre toute probabilité.

» J'avais installé deux lignes suffisamment écartées l'une de l'autre ; toute mon attention était portée sur l'un des bouchons qui dansait depuis dix minutes au moins. Le bouchon s'enfonce enfin, je ferre à temps et je sens au bout de ma ligne un poids respectable, sans cependant pouvoir juger de la force de la bête, car j'ai souvent remarqué qu'une carpe de quatre ou cinq livres se défend plus qu'une carpe de dix livres.

» C'est pour cela que je suis volontiers incrédule quand un pêcheur me dit qu'il a été démonté par un poisson de 5, 10 ou 15 livres. On ne peut juger le volume d'une pièce que lorsqu'elle est dans l'épuisette. Même en la voyant distinctement pendant ses évolutions dans l'eau, le mirage et l'émotion nous la font grossir démesurément.

» Donc, j'étais en train de manœuvrer ma canne pour fatiguer la bête, quand je vis filer mon second bouchon. Je jugeai de suite qu'il ne pouvait résulter rien de bon de ce double coup, et comme il m'était impossible de manœuvrer deux lourdes cannes, une de chaque main, je pris le parti de ferrer tant bien que mal, de la main gauche, puis, réunissant les deux cannes, je les maintins fortement des deux mains crispées, me confiant à mon étoile.

» Après quelques secousses, les lignes furent tellement embrouillées qu'au bout d'un moment les deux poissons tirèrent dans le même sens... Chance inouïe, je pus les avoir tous les deux... J'avais, il est vrai, des outils excellents, et je dois ajouter que la première carpe, la plus forte, ne pesait que quatre livres, et l'autre trois livres et demie...

» Je vous ai dit plus haut qu'il était fort difficile d'apprécier le poids d'une carpe pendant la lutte, alors qu'on la soupèse simplement au bout de sa ligne; jamais je n'en ai eu meilleur exemple que dans cette circonstance bien connue qui est encore aujourd'hui mon incident de pêche le plus saillant.

» Il y a vingt-cinq ou vingt-six ans, je pêchais de grand matin, sur l'île de Bougival, au-dessus du barrage et en face la machine de Marly — pêche de commande, je devais un plat pour un dîner d'amis.

» Je suis attaqué par une carpe, et cette fois, sans avertissement préalable, je vois mon bouchon partir avec rapidité. Je ferre vivement et sens aussitôt des secousses réellement extraordinaires.

» Quelques jours avant, j'avais eu affaire à une carpe dont le poids, sur la balance, dépassait quinze livres et demie; or, en comparant la défense de cette dernière avec celle qui me secouait, je jugeai que celle-ci devait avoir un poids beaucoup plus considérable; je me trompais de beaucoup.

» Par une fatalité inexplicable, mon moulinet ne fonctionnait pas, la soie neuve, enduite d'une matière gluante, s'était vrillée près d'un anneau et formait une sorte de nœud qui arrêtait le glissement; lors, ma canne se trouvait ployée en cercle, j'entendis un craquement et, ma foi, sans hésiter, je lâchai tout.

» Je vis ma canne partir en plongeant dans une envolée furibonde, puis, tout à coup, je la vis s'arrêter, rester immobile à cent ou .cent cinquante mètres en aval, du côté de la rive gauche. J'étais seul, sans bateau, je dus prendre une résolution extrême : je suis bon nageur, — tout pêcheur doit l'être, — je me déshabillai et me jetai résolument à l'eau.

» En arrivant, je saisis d'abord ma canne sans rencontrer de résistance, ce qui me fit supposer que le poisson était parti, je la plaçai donc entre mes dents et me disposais à revenir, quand, à la première brassée, un coup sec me retourna sur le flanc et la canne me fut violemment arrachée de la mâchoire.

» J'eus toutefois la satisfaction de lui voir remonter le courant se dirigeant vers la berge que je venais de quitter. Je me lançai de ce côté, et, après avoir ressaisi la canne, je fus tout surpris, cette fois, de voir fonctionner le moulinet.

» Je mis de nouveau la canne entre mes dents, et, après quelques vigoureuses brassées, je pus saisir les branches d'un saule et prendre pied avant que le moulinet ne fût entièrement dévidé.

» Je commençai alors à fatiguer, puis à maîtriser la carpe; mais, hélas! je n'étais pas au bout de mes peines. Je n'avais pas, on doit s'en rendre compte, d'épuisette sous la main et je je ne savais trop comment saisir ma proie. L'arbre qui m'avait aidé à accoster et qui était absolument dans l'eau m'empêchait de suivre le bord en traînant le poisson. Je me mis donc une seconde fois à la nage pour tourner cet obstacle, et, malgré quelques tiraillements de la carpe, je pus gagner la berge sans encombre et revenir enfin à mon point de départ.

» La bête qui, selon toutes mes prévisions, devait être monstre, ne pesait que sept livres 300 grammes. Elle était d'une espèce que j'ai rarement rencontrée : de forme très allongée, les écailles brillamment argentées, mais possédant surtout une vigueur et une énergie peu communes.

» Si je m'étais donné autant de mal, c'est qu'en dehors de l'intérêt de cette lutte j'avais imprudemment vendu la peau de l'ours.

» Ce jour-là, en effet, nous devions dîner à la table hospitalière d'Auguste Lireux, et c'est sur son désir que j'étais allé à la pêche, car avec sa verve endiablée, il avait annoncé la carpe aux convives habituels qui furent tous fidèles au rendez-vous.

» Accommodée à la nivernaise, la terrible carpe fut trouvée excellente par les « fourchettes » présentes, fort délicates : Ducuing, Ponsard, Emile Augier, La Tour-Saint-Ybars, le colonel Rigny, Amédée Bocher, Boët, de Lapalme, etc., etc.

» Excellente à ce point que je dus en promettre une autre, beaucoup d'autres, et, — que je tins mes promesses. »

Maintenant, un dernier mot.

Que faut-il penser de toutes les liqueurs si vantées, dites « liqueurs à carpes » ?

N'en ayant jamais employé et ne connaissant aucun pêcheur qui en fasse usage, je ne saurais me prononcer...

Comme écrivait jadis Belmontet :

> Le seul feu d'artifice est d'être magnanime !

nous pouvons terminer en disant :

> La seule eau d'artifice est d'être observateur,
> D'être adroit, attentif et d'avoir du bonheur...

Les pêcheurs de carpe soutiennent que cette pêche est la seule vraie, la seule difficile et passionnante...

Nous verrons, successivement, chaque spécialiste énoncer la même maxime.

CHAPITRE VII

LE GOUJON

J'ai promis de parler « goujon », je ne failli-
rai point à ma promesse, — je ne suis pas un
homme politique...

Vous rappelez-vous ce rondeau de la *Péri-
chole* :

> Voulez-vous faire une expérience,
> D'mandez aux gens qui passeront
> Quel est leur poisson d'préférence,
> J'parie treiz'sous qu'ils répondront !...
> Les goujons (*bis*), il n'y a qu'ça,
> Etc., *et cœtera*.

Eh bien, petit goujon, sois fier, les estomacs,
en général, te préfèrent à tous tes rivaux ; et
non seulement la blanchaille n'existe plus de-

vant toi, mais nombre de fins gourmands te mettent au-dessus de l'anguille, du brochet, de la carpe, du barbillon, de la perche, voire de la truite ! — petit goujon, sois reconnaissant !

Et lorsque vous demandez au restaurant une friture de goujons, le maître d'hôtel qui sait fort bien que le goujon est trop reconnaissable pour donner prise à un tour de passe-passe, vous fait payer la friture en conséquence.

Le goujon est toujours coté, aux Halles et chez les pêcheurs, un ou deux sous pièce pour le moins ; au cabaret, servi sur un plateau d'argent et entouré de persil, il atteint cinquante centimes par tête.

L'ami goujon est facile à distinguer ; long de cinq à dix centimètres, il a pour caractère distinctif une lèvre supérieure beaucoup plus avancée que l'inférieure et fièrement surmontée de deux longs barbillons ; sa couleur varie, mais offre un mélange bleu-noirâtre et terre de Sienne où se détachent des pointillés blancs et jaunes.

Les gourmands et les pêcheurs n'ont pas tort, chacun en ce qui les concerne, de porter un profond intérêt au goujon, qui n'en a cure.

La chair de ce petit cyprin est exquise, délicate, ferme et parfumée ; sa pêche, aussi amusante que facile...

Ainsi nommé probablement parce qu'il a du goût pour les joncs, notre héros habite les fonds sablonneux des rivières.

En dehors de l'homme, il a pour ennemis intimes tous les poissons carnivores ; heureusement qu'il se multiplie prodigieusement, sans cela il disparaîtrait rapidement...

Le goujon ne quitte jamais son lit de sable et, quand l'eau est claire, vous pouvez le voir en bandes nombreuses, frétiller sous le soleil et fouiller sans cesse pour chercher les petits vermisseaux dont il fait sa nourriture.

Le goujon est vorace, mord brutalement ; aussi sa pêche est-elle fructueuse.

Elle nécessite peu de frais et de mise en train, le plus souvent il est inutile d'avoir un bateau, car le goujon est ami des berges :

> Ses tribus plaintives,
> Quittent peu les rives...!

Plaintive n'est pas mis ici pour rimer avec *rive* ; le goujon capturé se plaint en effet et pousse un timide et léger soupir qui ressemble au sanglot du barbillon.

Partez un beau matin d'août, par un gai soleil ; choisissez une place à fond sableux, point très profonde, entourée de joncs, où le courant soit assez sensible ; pêchez et boulez, une heure après, vous aurez votre centaine de goujons...

Comme ligne, prenez du cordonnet fin ou quatre crins roulés, trois plombs, deux ou trois hameçons nº 10 ou 11 et un bouchon ; pour le goujon, je préfère le petit bouchon de liège à la plume ; le goujon est d'un naturel peu défiant et son attaque est si nette que la plume est inutile...

Le point principal de cette pêche est de calculer exactement son fond de telle sorte que votre hameçon traîne au moins de cinq centimètres ; s'il ne râclait pas le sable, le goujon, toujours occupé à fouiller, ne le verrait pas.

Avec trois hameçons à votre ligne, vous prenez souvent trois goujons du coup. Il n'y a qu'un appât pour le goujon, le ver : rouge, de vase, de fumier ou de terreau ; le goujon mord, mais plus rarement, à l'asticot.

Inutile d'amorcer, mais boulez, ce qui est permis, toutes les demi-heures...

Un « bouloir » est une perche à l'extrémité de laquelle on a cloué deux ou trois vieilles semelles de souliers ferrés ; quand vous pêchez le goujon, vous remuez fortement le sable avec cet instrument primitif, et le goujon, se précipitant pour chercher sa nourriture dans le bouleversement de son sable chéri, avale gloutonnement votre hameçon et ne le lâche plus.

Ce bouloir en semelles est préférable à tous les râteaux, raclettes, griffes, rabots, etc., il n'abîme pas le fond et fait meilleure besogne....

On prend aussi beaucoup trop de goujons à l'échiquier et à la bouteille ; cette dernière pêche est défendue.

Les meilleurs mois pour la pêche à la ligne au goujon sont août et septembre. Très vivace, ce poisson se conserve facilement dans une boîte pleine d'eau, et peut arriver à la cuisine bien plus « tout en vie » que la raie sanguinolente, dont les écaillères crient les vertus dans la rue.

Mes meilleures pêches au goujon ont eu lieu dans la Seine, entre Fontaine et Thomery, mais surtout dans les environs de Valvins où les goujons sont innombrables et monstrueux.

Vous pouvez partir de Paris pour pêcher le goujon à Valvins en emportant tout simplement un mouchoir de poche.

Vous descendez à la gare de Fontainebleau le matin, achetez une demi-douzaine d'hameçons et trois ou quatre mètres de cordonet en passant aux Basses-Loges, ramassez une plume de canard dont vous traversez un bouchon quelconque, attachez les hameçons, glissez le cordonnet entre le bouchon primitif et la plume, et, en côtoyant les taillis de Belle-Fontaine, cassez une gaule de coudrier pour terminer votre attirail de pêche...

Près des sources qui coupent le chemin de Valvins à Samois, en fouillant la terre et soulevant le gazon, vous trouverez des vers en quantité suffisante ; une branche de troëne vous servira de filet...

Et le soir, vous reviendrez apportant aux vôtres étonnés, mais incrédules, deux ou trois cents goujons ainsi pris d'une façon aussi simple que préhistorique.

Dans ce canton réservé par saint Pierre à ses

élus, les pêcheurs ne manquent point ; voyez-vous le long des berges...

Voici tout d'abord mon confrère Adrien Marx, l'un des plus habiles tireurs de faisans que je connaisse et un parfait goujonnier ; puis les peintres Veyrassat et Metzmacher, le baryton Melchissédec, l'éditeur Michaélis, le graveur Collin, le jeune Henri Escoffier portant le sévère uniforme du collège, et plus loin, sous la saulaie, relevant en cadence sa ligne où brillent deux poissons à chaque coup, M. A. Daydou, dit le « Tombeur des goujons », qui tous les jours, après deux heures de pêche, rentre tranquillement chez lui, sa ligne d'une main, son petit arrosoir vert de l'autre, — arrosoir nécropolitain de la race goujonnière...

— Eh ! ça a mordu le goujon, Monsieur Daydou...

— Un petit peu...

— Combien dans l'arrosoir ?

— Environ deux cents... en voulez-vous une douzaine...

Car M. A. Daydou est un pêcheur galant, — type assez rare pour mériter d'être signalé, — et il ne sait rien refuser à un gracieux quémandeur... et on les demande fort et dru les goujons, quoi qu'en ait pu dire La Fontaine, et malgré le méprisant accueil de son pêcheur « au long bec emmanché d'un long cou » :

> La tanche rebutée, il trouva du goujon!...
> Du goujon!... C'est bien là le dîner d'un héron!
> J'ouvrirais pour si peu le bec!!!

Ouvrez-le, mes frères, ouvrez-le ; croyez-moi, le goujon en vaut la peine.

Notez encore que le goujon, dont la poursuite ne demande pas grande attention et n'exige pas une immobilité absolue, est une véritable pêche de lune de miel :

> Que le poisson s'éloigne ou bien qu'il dorme
> Nous pêchons bien en forme,
> Mais à happer nos vers, jamais nous n'obligeons
> Les goujons!

Ainsi s'exclament les jeunes mariés, qui seront plus sérieux et plus terribles pour les poissons lors de la lune rousse.

CHAPITRE VIII

PÊCHE D'AOUT — LE BARBILLON ET LA PELOTE

> Le barbillon… c'est un joli coup de ligne.
> G. SAND.

Les pêcheurs, comme les chasseurs, peuvent se classer encore en deux nouvelles catégories; ceux qui aiment la solitude et le repos, — les purs, — ceux qui préfèrent la société et le mouvement, — les païens.

Tel chasseur sort dès l'aube tout botté et dévore kilomètre sur kilomètre, prenant les lièvres presque à la course et les perdreaux, pour ainsi dire au vol; tel autre, assis au coin d'un bois, tranquille comme Tityre, attend que les lapins déboulent à bonne portée, et dédaigne une poursuite fatigante.

C'est ainsi que, s'il est des pêcheurs restant huit et dix heures de suite la ligne en main et l'œil sur la flotte sans éprouver aucun ennui, sans redouter ces longs silences du bord de l'eau, d'autres ne sauraient s'immobiliser quarante minutes à la même place, jettent leur ligne çà et là, vont et viennent, amorcent à tort et à travers, prennent un poisson à droite, en soulèvent un autre à gauche, en un mot, courent après le gibier n'ayant pas la patience de l'attendre.

Pour les premiers nous allons décrire la pêche au barbillon à la pelote, pêche qui réclame un praticien sérieux méprisant les douleurs et les rhumatismes, se moquant de la pluie ou du soleil et capable de rester trois ou quatre heures assis, sans bouger, sur l'étroite levée de son bâteau de pêche.

La pêche à la pelote peut se commencer utilement au mois d'août et se continuer en septembre; à cette époque le barbillon semble plus vagabond, plus vorace et plus franc d'attaque que dans les autres mois...

Est-ce à dire que le barbillon se prend seulement à la pelote?

Non, certes ; le barbillon se pêche parfaitement à la coulée, avec du ver rouge, du fromage de gruyère ou des asticots.

J'ai même vu, de mes propres yeux vu, ce qui s'appelle vu, M. G. Hewitt, le graveur de pierres fines, prendre au vif un barbillon dans les trous du déversoir d'Héricy...

Un chevenne, au vif? passe encore, le fait se présente ; mais un barbillon mordre au goujon... c'est une exception fort rare.

Dans l'état ordinaire, pour le barbillon non cannibale, les meilleurs vers rouges sont les vers de fumier et nous les préférons aux vers de vase ; quant au gruyère, il est bon de le laisser macérer quelques heures dans du lait avant de le mettre après l'hameçon ; ainsi humecté, il est moins cassant, tient mieux à l'hameçon, permet de ferrer avec plus de sûreté.

Mais on peut dire que la pêche du barbillon à la coulée n'existe pas ; prendre un barbillon, j'entends une pièce de quatre à cinq livres, à la ligne flottante, est un coup de raccroc qui se présente fort rarement.

La véritable pêche du barbeau est la pêche

à la pelote, qui, bien faite, est une pêche amusante et productive, plus fertile en émotions que toute autre et se rapprochant beaucoup de la pêche à la carpe.

Il est nécessaire pour pêcher à la pelote d'avoir un solide bateau de pêche pour contenir d'abord les engins nécessaires dont je vais donner l'énumération, et surtout parce que cette pêche spéciale n'est fructueuse que faite sur un grand fonds et assez loin du bord.

Le pêcheur à la pelote doit posséder :

Deux fiches en frêne ferrées, longues de sept ou huit mètres ;

Un baquet pour mettre la terre ;

Une boîte carrée en bois, sorte de mortier, où se triturent l'amorce et l'appât ;

Deux ou trois cannes d'un seul morceau, longues de cinq ou six mètres ;

Une boîte à pêche renfermant : du fort cordonnet de soie huilé, couleur verdâtre, de la racine supérieure, des hameçons à palette n°s 5, 6 et 7, du plomb, des olives percées, en plomb, des sondes, pierres à aiguiser, ciseaux, dégorgeoirs, ficelles, etc., etc. ;

Un couteau de pêche solide, un marteau

pour casser le pain de chenevis et une bêche, pour prendre la terre à boulettes ;

Une boîte en fer blanc pour les asticots, et un sac en toile pour le blé ;

Une épuisette de 0 m. 60 de diamètre, solidement adaptée à un manche de deux mètres ;

Une patience à toute épreuve... et de bons vêtements soit pour la pluie, soit contre le soleil.

Ainsi muni du strict nécessaire, il reste au pêcheur à la pelote à choisir une place possédant un bon fond.

Les fonds de sable sont préférables — il est des fanatiques qui plongent pour les découvrir et les étudier, — les trous excellents, car il ne faut pas oublier que les plus gros barbillons se tiennent aux endroits les plus profonds. Aussi ne saurait-on choisir un « coup » ayant moins de quatre mètres de profondeur.

La place choisie, il faut la faire, c'est-à-dire y attirer le poisson et le bien retenir au même endroit.

C'est le but de l'amorce.

Voici, selon mon avis, la meilleure amorce pour préparer un coup de ce genre :

« Ecrasez dans une boîte 2 kilos de pain de chenevis, mêlez, en pétrissant, à deux seaux de terre, ajoutez deux litres d'asticots, deux litres de blé cuit et quatre livres de pain blanc détrempé ; triturez en mouillant à l'aide d'une éponge, saupoudrez de pain de creton et formez 25 ou 30 pelotes de la grosseur d'une tête d'enfant. »

Huit ou quinze jours avant de pêcher, amorcez votre « coup » en jetant tous les jours, le matin et le soir, une dizaine de pelotes ainsi préparées, je répète à dessein tous les jours, — car pêchant ou ne pêchant pas, il faut que vous amorciez pour garder le poisson devers vous.

Nous l'avons déjà dit, bien amorcer est la principale science du pêcheur et la clef de tous les secrets qui courent les rives de nos fleuves.

Le choix de la terre pour amorcer et surtout pour faire les pelotes de pêche est un choix difficile ; le mieux est de chercher sur les bords de la rivière où l'on se trouve ; prenez, autant que faire se peut, une terre grasse se pétrissant rapidement, sorte de terre jaunâtre que mes connaissances géologiques ne me permettent point de mieux désigner.

La place et le coup étant faits, votre bateau bien et solidement fiché à l'avant et à l'arrière, — cherchez pour cette installation deux bons points de repère, afin de jeter votre ligne toujours au même endroit, — il s'agit de préparer vos armes de combat, savoir :

Une canne de cinq ou six mètres avec un scion sans défaut, un cordonnet dont la longueur est égale à la profondeur de la rivière, plus 50 centimètres ;

La flotte, très grosse et très longue, en plume d'oie, doit en effet se trouver, tout au plus, à $0^m,40$ ou 0^m50 de l'extrémité du scion.

Un hameçon n° 5 destiné à la pelote.

Pour mouler cette dernière, vous prenez de la terre pétrie pour l'amorce, gros à peu près comme une orange, la malaxez encore en y ajoutant deux ou trois pincées d'asticots et, après avoir piqué à votre hameçon dix ou douze asticots, —*secundum artem*—vous le mettez...

— Où?...

Voilà le grand *hic* de la pêche à la pelote, la place exace que doit occuper l'hameçon et

5.

la façon dont la pelote doit être retenue.

Je ne partage point l'avis de mes illustres devanciers : Moriceau, Poitevin, la Blanchère, Malahar, qui conseillent de mettre, en faisant une boucle, l'hameçon au milieu de la pelote même et de retenir cette dernière au moyen d'un fort plomb ou d'un petit carré de liège qui, en remontant, avertit le pêcheur que la terre s'est désagrégée.

J'ai essayé pour la pêche à la pelote toutes les méthodes en usage et tous les procédés recommandés et me suis arrêté à un nouveau système qui me paraît le dernier mot du perfectionnement en ce genre.

Je n'ai pas eu seul la gloire de trouver ce mode subtil de ne *jamais* manquer le barbillon boulant une de mes pelotes ; la découverte et la mise en application de ce procédé reviennent en partie à MM. Robert, C. Lepron, et surtout à mon excellent et regretté ami et compagnon de pêche, Charles Daydou, qui m'ont aidé de leur savoir et de leur expérience pour trouver ce perfectionnement dont je veux livrer ici le secret à mes lecteurs.

Tout d'abord montez votre ligne en empilant

sur *double* racine un hameçon n° 5 ; ne laissez pas à votre racine plus de cinq centimètres de longueur ; attachez, puis soudez par un plomb n° 0, votre racine au cordonnet.

Au lieu du plomb fixe ou du morceau de liège jusqu'alors en usage, *laissez glisser le long de votre cordonnet une olive en plomb assez forte*, et opérez de la façon suivante :

Après avoir garni votre hameçon des asticots nécessaires, vous faites une pelote comme il a été dit plus haut.

Vous placez votre pelote à cinq centimètres de l'hameçon, celui-ci en dehors, de façon que l'olive mobile se trouve au milieu ; ceci fait vous tirez légèrement le cordonnet de telle sorte que votre pelote étant bien et dûment apprêtée, l'hameçon chargé d'asticots s'applique contre la terre émergeant, *hors de la pelote*, de un ou deux centimètres environ.

De la sorte l'olive, tout en maintenant la pelote, laisse au cordonnet une absolue indépendance, c'est-à-dire une sensibilité telle que la moindre touche est ressentie comme une décharge électrique et que le poisson s'enferre de lui-même en fuyant avec l'hameçon.

J'ai vu prendre, et j'ai pris moi-même, en deux mois, une centaine de barbillons de cinq à neuf livres en usant de ce procédé.

Pour jeter sa pelote adroitement, il faut tenir sa canne de la main gauche et jeter sa pelote en amont, à cinq ou six mètres de l'endroit où l'on désire la faire reposer.

On pêche encore à la pelote sans canne, soit en tenant le cordeau à la main, soit au grelot, etc...

Toute pêche à la pelote est défendue, et pour la pratiquer il est nécessaire d'avoir un permis.

— Ne mord-il que du barbillon à la pelote ainsi préparée?

— Non, malheureusement, et souvent vous ferrez pour tirer un goujon, une ablette ou un misérable mulet efflanqué.

Du reste, un bon pêcheur doit savoir, à la première attaque, quel est le poisson qui tourne autour de sa pelote. Nous nous sommes déjà occupés des attaques de la carpe; bientôt viendra le tour de la brême, du mulet, du chevenne, de la perche, de l'anguille, — tous poissons mordant à la pelote.

Le barbillon, lui, attaque franchement la pelote par deux coups de museau vigoureux ; ferrez-le fortement pour le sortir du fond, et maintenez votre scion afin que, nouvel Antée, le barbillon ne touche pas la terre ; car il vous échapperait, soit en se glissant dans un trou, parmi les herbes ou sous des pierres.

Tenez votre prise solidement et refusez l'aide des voisins ou des curieux ; amenez progressivement votre bête vers l'épuisette, fatiguez le poisson sans vous hâter, et dédaignez, pour cette pêche spéciale, les services inutiles du moulinet.

La pêche est bonne de six à neuf heures du matin, nulle de neuf à onze heures ; on peut essayer une pelotte avant d'aller déjeuner, à midi, mais il est inutile de se remettre à l'œuvre avant trois ou quatre heures de l'après-midi.

La soirée, de cinq heures à sept heures, est le moment des grandes prises ; c'est le barbillon forcé.

Le barbillon forme un excellent manger. Vous pouvez mettre à la broche une pièce de cinq à six livres ; dans ce cas, vous farcissez d'épices votre poisson et l'entourez de papier beurré.

Au court bouillon, ce délicat cyprin n'est pas désagréable; la chair ferme et blanche du barbeau supporte tout aussi bien le gril que la friture, et ce serait un crime de manger une matelote sans quelques belles tranches dorées de barbillon.

CHAPITRE IX

LA BRÊME ET LE GARDON

La Brême.

Il ne s'ensuit pas toujours que vous prenez des carpes lorsque vous pêchez à la carpe, et que vous levez seulement du barbillon quand vous vous attaquez au barbillon.

D'un naturel fantasque, le poisson ne vient pas aux ordres; il se fait souvent désirer, et telle pelote digne d'un dauphin — je dis dauphin, car les pêcheurs du Tarn ont, paraît-il, pris tout dernièrement un dauphin de plusieurs centaines de livres — telle pelote est cassée par une écrevisse ou ne ramène qu'une ablette.

L'amorce signalée plus haut pour le barbillon convient à merveille à la plupart des poissons de fond ; et, si le barbillon dédaigne vos pelotes, vous avez de grandes chances de piquer les brêmes, gardons, mulets et tanches, que ces munificences nutritives ont réunis à votre coup.

Or, la brême est un des plus curieux poissons de nos rivières et l'un des rares représentants du genre limande.

Par genre « limande », je ne prétends pas faire de l'histoire naturelle et contrecarrer les auteurs en affirmant que la brême, *cyprinus brama*, appartient au genre limande, *pleuronectes limanda;* tous les saints me préservent d'aborder le terrain scientifique ! Je veux simplement dire que notre brême commune est un poisson plat, de belle prestance et de chair agréable.

La brême n'a réellement droit à ce nom que si elle pèse au moins une livre ; plus petite, c'est une *bremote;* toute petite, c'est un *henriot.*

La bremote ne vaut pas grand'chose ; maigre, plat, plein d'arêtes, le henriot ne vaut rien du tout ; quant à la brême, c'est une autre affaire.

Une belle pièce de trois ou quatre livres, aux flancs ardoisés, aux reins solides, est un manger fort délicat.

Posée sur le gril, au-dessus d'un feu très vif, bien saisie, bien dorée, puis servie sur une sauce « marchand de vin », la brême peut rivaliser avec la carpe, — la brême prise en eau vive, bien entendu, et non la brême d'égout.

Car, tant vaut le poisson, tant vaut le fond sur lequel il a été pris:

Mais, avant de manger la brême, il est nécessaire de la prendre.

— Cela est juste.

— Si l'on monte spécialement sa ligne pour la brême, il faut n'employer que le crin tordu pour le corps, et se servir, pour empile, de racine très fine : la brême est d'une méfiance exagérée et rusée comme dame belette.

Vous pêchez utilement ce poisson depuis le jour de l'ouverture jusqu'à la fin de septembre.

En juin, au ver rouge; juillet, à l'asticot; août et septembre, au blé cuit.

Si la brême se prend souvent à la pelote, elle se lève aussi parfaitement à la coulée; donc,

vous pouvez la pêcher sans craindre la gendarmerie.

L'attaque de la brême est une des plus faciles
à reconnaître ; si votre flotte, sans avis préalable, bascule avec lenteur, ferrez tout de suite :
c'est une brême. Ferrez au premier mouvement, car plus les brêmes sont grosses, plus la
touche est légère ; et la plus futile ablette mord
vingt fois plus énergiquement qu'une brême de
six livres.

On ne peut pas dire que la brême se dé-
fende, au contraire ; et, cependant, combien se
sont décrochées que le pêcheur comptait déjà
siennes !

Piquée, la brême se laisse tirer du fond sans
rechigner ; veule, molle et comme cataleptique,
elle semble pendre à votre ligne comme un
chiffon.

— Eh quoi ! c'est là une brême ! dit le no-
vice ; mais c'est un poisson à moitié mort !
Attention...

La brême vous a aperçu, et, déjà honteuse
de son quasi-suicide, elle s'élance sur vous,
montrant son ventre blanc, qui coupe l'eau
comme une godille d'acier ; votre ligne se dé-

tend; vous voulez la redresser — trop tard; — la brême a profité de ce court instant où votre ligne était lâche, et, grâce à son mouvement balancé, a pu rejeter l'hameçon... Voyez-la : elle fait encore près de vous, sans se presser, quelques passes cadencées, puis file rejoindre ses compagnes.

A une autre, et ne vous y laissez plus prendre...

Mais ne désespérez pas : quand on a pris une brême, on peut s'attendre à en piquer une centaine.

Ce poisson se trouve généralement par bandes nombreuses, se pressant sur les fonds de marne et de glaise, dans les eaux profondes et tranquilles. La brême se plaît surtout dans le voisinage des égouts; si le pêcheur y trouve son intérêt, il n'en est plus de même du dégustateur, le poisson prenant de cette villégiature un fumet spécial.

Ainsi, l'un des points préférés de la brême, dans les environs de Paris, a été longtemps l'égout de Nogent-sur-Marne, à quelques mètres de la baignade de l'école de Joinville; à cet endroit, les pêcheurs ont levé des centaines et des centaines de brêmes, et cela pendant une saison entière.

Le Gardon.

Sur les places amorcées comme il a été dit plus haut, un des convives les plus habituels est le gardon.

Plus distingué en ses goûts que la brême, le gardon préfère aux égouts les eaux limpides, les courants et les remous.

C'est ainsi qu'en l'année 1869, au déversoir d'Héricy, j'ai pu noter l'une des plus curieuses aventures de ma vie de pêcheur.

J'étais tranquillement assis sur une pile dominant les vannes du déversoir, pêchant au vif dans les enrochements, quand il me sembla tout à coup voir un monstre marin s'avancer vers moi.

Nouveau Jonas, étais-je destiné à meubler le ventre d'une baleine ?

Avais-je à redouter les attaques d'un crocodile venu des bas-fonds de la Seine ?

Était-ce un serpent de mer ou quelqu'une de ces gigantesques anguilles qui jadis évoluaient sous les eaux mélodunoises?...

Pendant ces réflexions, le monstre marin avançait toujours; sous l'eau verte, l'argent de ses écailles luisait au soleil, et, sur un espace de plusieurs mètres, le flot reculait, — épouvanté ou non, — pour lui livrer passage.

Je me dressai sur la pile, retirai ma ligne de vif, — dont le goujon semblait lui-même terrifié outre mesure, — et me préparai au combat... Belle mort, pour un pêcheur!

Déjà, le front haut, serrant mon épuisette de la main gauche et brandissant de la dextre une fouane à anguilles, j'excitais mon courage en me rappelant la lutte de Tobie contre l'esturgeon, quand je vis toute la population des bords de l'eau, pêcheurs, gamins et promeneurs, courir sus au monstre... Puis, des cris répétés :

— Les gardons... Les gardons!!!

Je ne compris point tout d'abord... Le flot bouillonnait, et, placé directement sous le soleil, je ne pouvais distinguer nettement la forme de ce Léviathan séquanique; de plus, le bruit

de la nappe d'eau tombant à mes pieds m'empêchait de distinguer les cris...

Une voix plus perçante domina enfin ce
brouhaha; c'était celle du paysagiste, M. de
Groiseilliez, le peintre acharné des bords de la
Seine, qui me criait d'un ton suraigu :

— A vous, les gardons. Oh!...

Comment, des gardons !...

Mais, le doute n'était plus possible, les gardons
arrivaient au pied des vannes, s'élançant par
miliers pour franchir le déversoir.

C'était un banc qui pouvait avoir 20 mètres
de largeur sur 50 de longueur et 2 de profondeur...

Mais tout le pays était accouru ; transmise
avec la rapidité de la foudre, la nouvelle avait
soulevé les villages environnants, et l'on voyait
descendre les paysans d'Héricy, de Féricy, de
Machault, de la Brosse, de Fontaine, tandis
que la flottille des mariniers bas-samoisiens
traversait la Seine.

Et tout ce monde porteur de lignes, de crocs,
de paniers, de filets, de trubles, d'échiquiers
etc., etc...

Lors, la pêche commença :

Un téméraire lança l'épervier sur le banc...
l'épervier fonça mais il fut impossible de le rele-
ver, les mailles craquèrent sous le poids et le
filet céda.

Un autre essaya de l'échiquier, le carré ne
put enfoncer.

Un troisième se mit à pêcher à l'épuisette,
— au vol, — les gardons s'entassèrent vite près
de lui.

Ce fut une pêche fantastique...

On jetait des paniers qui étaient relevés pleins,
des sceaux, des écopes, tout, tout...

Un brave cultivateur, n'ayant pour tout engin
qu'un solide parapluie de cotonnade bleue, l'ouvrit et le tendit le long des vannes, il le releva
à moitié plein ; une demi-heure après, il em-
portait une gésonnée de gardons.....

Pour moi, je n'étais pas resté inactif, seul sur
ma pile, sans secours et sans appui, j'inventai
une ligne spéciale...

J'attachai à un fort cordeau dix ou douze bricoles à brochet, un gros plomb, et, je me mis à
lancer ce harpon volant sur la masse gardon-
neuse...

Le plomb fonçait, je tirais, et, à chaque coup,

je relevais cinq ou six poissons... je ne cessai qu'à bout de forces...

Cette invasion de gardons dura trois ou quatre jours... non seulement tous les pays d'alentour se nourrirent de cette manne aquatique; mais les porcs, les chiens, les chats eurent du gardon à groin et gueule que veux-tu et l'on fuma les terres avec cet engrais vivant...

Les chasseurs et les pêcheurs sont parfois accusés d'exagération et l'on serait peut-être tenté de croire inventée à plaisir l'histoire qui précède...

Heureusement, je puis fournir des témoins oculaires dans le monde officiel, artistique et littéraire.

Le maire de Samoreau pêchait à mes côtés ce jour-là, entouré de plusieurs conseillers municipaux ; je puis encore invoquer des témoignages que nul ne récusera, celui de M. Bartholdi, l'illustre auteur de la statue gigantesque « la Liberté éclairant le monde », qui parfois délaisse l'ébauchoir pour la ligne et le manche du ciseau pour celui de l'épuisette, ceux de MM. G. Sanrey, Laurent, Aumont, etc., etc...

Il ne faudrait pas croire cependant que le

gardon vient toujours se présenter ainsi au pêcheur et qu'il n'y a qu'à se baisser pour en prendre.

Le gardon est un poisson aussi timide que peureux, un rien l'effraye et le fait fuir.

Pour cette raison, les lignes à gardon doivent être très finement montées, solides cependant, car certains gardons de fond atteignent un poids de 7 à 800 grammes.

Tordez six ou huit crins ou prenez du cordonnet teinté vert d'eau, un seul hameçon numéro 12, monté sur une longue racine, le plomb à 25 ou 30 centimètres de l'hameçon, et, comme flotte, une plume légère, d'une entière blancheur.

L'hameçon ne doit pas traîner comme pour le barbillon ou la brême, — poissons fouilleurs, — mais se trouver à cinq ou six centimètres du fond.

Amorçez sans crainte, le gardon est gourmand ; toc, toc... attention..... ferrez et vite et sec, le gardon mord rapidement et veut être piqué de même.

En juin, vous pouvez mettre à votre hameçon de l'épine-vinette ou des asticots, en juillet, du ver rouge et du blé cuit, — un seul grain à l'hameçon, — puis du blé cuit encore et des asticots pour finir la saison... Choisissez du beau blé pour votre ligne, le gardon est un amateur éclairé qui saura récompenser vos efforts.

Pendant la pêche, n'oubliez pas de jeter par ci, par là, quelques poignées de blé et de bonnes boulettes de terre judicieusement garnies d'épine-vinette, d'asticots, de blé et de crottin...

Cette sorte de timbale naturaliste plaît fort au gardon, semble contenter la brême et satisfait les appétits gloutons du barbillon, de la tanche et du chevenne.

Le gardon se mange surtout en friture, sa chair est délicate et blanche. Les grosses pièces doivent se placer sur le gril, le ventre ouvert, et être servies sur une sauce maître d'hôtel.

CHAPITRE X

LE CHEVENNE, LA TANCHE, LE MULET

Le Chevenne.

De tous les poissons qui peuplent nos rivières, le chevenne est le plus vorace, le plus avide, le plus goulu...

Le chevenne ou meunier mord à toutes les amorces...

En juin et juillet, vous pouvez le pêcher à la ligne au coup avec des vers rouges, des asticots, des cerises, du raisin, du blé cuit, des crevettes ou de la peau de grenouille.

En août, la pêche à la volée, le matin et le soir, est excellente ; prenez une longue gaule, un mètre de crin et autant de racine, et, dissimulé derrière les buissons, faites danser votre amorce sur l'eau...

N'oubliez pas que le chevenne, quoique glouton, est très méfiant, ayez bon pied et bon œil... le chevenne saute brutalement sur l'amorce, il faut le ferrer vite et le lever brusquement...

Pas de plomb à votre ligne à la volée, un fort hameçon très aiguisé et, comme appât : des grillons, sauterelles, hannetons, mouches vraies ou artificielles, en un mot, tout ce qui vit, vole et saute sur les berges...

En septembre et octobre, je conseille de pratiquer pour le chevenne, la *pêche à suivre*, c'est-à-dire avec une ligne fortement montée, dont l'amorce est à mi-profondeur, de descendre le courant d'une rivière en suivant la berge. Il faut marcher très silencieusement *derrière* sa ligne, votre amorce doit vous précéder de quelques mètres et surprendre le chevenne.

Si vous ne craignez pas les herbes, vous pouvez laisser traîner votre appât près du fond, surtout au mois d'octobre, le chevenne quittant, avec le soleil, la surface des eaux et gagnant les profondeurs...

Dans cette pêche à suivre, les meilleures amorces sont : le sang caillé, la cervelle de bœuf, le cri-cri et le raisin noir.

Le chevenne de forte taille mord aussi au vif.

Du reste, on peut dire que ce poisson, justement surnommé le goret des rivières, saute sur toutes les amorces et se prend à toutes les lignes... aussi bien à la ligne à ablettes qu'à la ligne de fond, à la ligne à fouetter comme à la pelote, à la ligne à soutenir comme au vif.

Si l'on veut pêcher le chevenne, il faut se monter solidement, car son attaque est rapide et sa défense brutale...

Rablé comme un dogue, trapu comme un cachalot, le chevenne, surtout s'il a été pris dans une rivière rapide et sablonneuse, forme un plat de quelque valeur...

Il se sert sur le gril et en matelote ; on peut mettre les grosses pièces au bleu.

6.

La Tanche.

La tanche est un poisson fort connu, abondant dans la plupart des cours d'eau de France, et cependant ce n'est pas un poisson de pêche courante.

La tanche est le poisson-mulâtre de nos rivières ; ronde, plate et massive tout à la fois, noire avec des reflets cuivrés, les écailles enduites d'une matière visqueuse, la tanche se prend assez rarement à la ligne.

La raison en est simple.

Recherchant les fonds vaseux et les places couvertes d'herbes, il est difficile au pêcheur d'aller la tenter dans ses retraites embroussaillées.

Mi-enfouie dans la vase, la tanche ne voit pas l'amorce passer près de son museau, encore ne se prend-elle qu'au ver rouge, très rarement à l'asticot.

Cependant les riverains tiennent sa chair

ferme et grasse en une certaine estime, et la tanche au vin passe pour un mets délicat.

Si vous connaissez un canton peuplé de tanches et qu'il y ait une place pour votre ligne, montez-vous sur un fort cordonnet et prenez un hameçon n° 2 ou 3 empilé sur une bonne racine. Comme appât, un gros ver rouge ou une petite limace blanche de gazon.

Le plus souvent vous aurez à pêcher dans une eau dormante, un coin retiré ; votre hameçon doit traîner à terre de trente ou quarante centimètres au moins.

La tanche ne se pêche que le soir ou le matin ; elle ne mord pas comme la brême ou le gardon, n'avale pas comme la carpe ou le barbillon, n'engloutit pas comme le chevenne... non ; quand la tanche vient sur l'amorce, un ver rouge, je suppose, elle le prend, le quitte, s'amuse avec lui comme un chat avec une souris, puis le déguste lentement.

Pendant ce temps, votre flotte danse comme la bille d'une roulette ; ne vous en occupez pas, la flotte file... préparez-vous, laissez partir un ou deux mètres de cordonnet, puis ferrez sec, la tanche est prise.

Comme vous êtes fortement monté, relevez vite la ligne pour que votre tanche ne se glisse pas sous les racines des nénuphars, où vous seriez obligé de la laisser ; ne faiblissez pas devant ses attaques, car la tanche, très vivace et très robuste, se débat vigoureusement et ne vient qu'*épuisée* dans l'*épuisette*...

Nos pères croyaient fort aux vertus médicinales d'un filet de tanche.

Mis sous la plante des pieds, il guérissait de la peste et de la fièvre.

Sur le front, il calmait les migraines.

Sur la nuque, les maux d'yeux.

Sur le ventre, la jaunisse.

Ce n'est pas tout :

Le fiel de la tanche chassait les vers, et l'application de sa peau gluante guérissait les blessures.

Si la moitié de cela était vrai, la tanche ne manquerait pas d'être poursuivie pour exercice illégale de la médecine et condamnée comme un simple zouave Jacob.

Après la médecine, la cuisine. Comme la tanche est généralement une habituée des fonds vaseux et qu'elle a la vie dure, laissez-la dégorger, dans votre boutique ou dans un baquet, cinq ou six jours avant de l'immoler...

J'ai parlé de la tanche au vin, ce cyprin doré tient aussi sa place dans une friture et ne dépare pas une matelote savante...

La tanche se pêche toute l'année.

Le Mulet.

Le mulet ou hotu est un poisson d'importation récente, une sorte de chevenne croisé de barbillon, mais tenant peu de l'un et de l'autre.

Comme le chevenne, le mulet aime à s'endormir à la surface des eaux, près des herbes, sous les saules et contre les piles de pont.

Différent du chevenne, il ne mord pas à la volée et la mouche ou la cerise le laissent froid.

Comme le barbillon, il vient chercher sa nourriture au fond des rivières, fouille les sables et casse les pelotes.

Le mulet a la bouche placée comme celle du requin, tout en dessous, de telle sorte que ce poisson ne peut se nourrir que des détritus qui sont au fond de l'eau et ne saurait happer ce qui passe au-dessus de lui ou à ses côtés.

Cette bouche inférieure est protégée par un museau, un nez carré, énorme, dur, véritable instrument de sape et de mine.

Le mulet se promène par bandes nombreuses et gloutonnes et vous pouvez compter que la moitié des amorces que vous jetez dans une rivière passent dans les estomac muletiers.

En revanche, le mulet est fidèle à l'amorce et ne quitte pas « un coup » tant qu'il y trouve un asticot ou un grain de blé.

Si vous pêchez le mulet, ne craignez donc pas d'amorcer...

Mais on ne pêche pas le mulet... à tort ou à raison, ce poisson nouveau passe pour être exécrable et fait le désespoir des pêcheurs...

Vous avez amorcé pour la carpe, le barbillon, la brême ou la gardon... et c'est du mulet, rien que du mulet, toujours du mulet que vous piquez.

Quand vous avez pris un mulet sur une place bien amorcée, vous pouvez être tranquille, vous en prendrez toute la journée ; dix, cent, mille, autant qu'il s'en trouvera, guettant au passage votre amorce...

Le mulet se pêche à la pelote et à la coulée, au blé cuit ou à l'asticot...

Si vous le cherchez spécialement, montez-vous très finement, crin et racine, hameçon 10 ou 12, une plume comme flotteur.

Le mulet mord doucement, ferrez à la première attaque et levez vivement ; la défense de ce poisson est nulle ; cependant, comme, piqué, il fonce sur vous, il se décroche souvent surtout si l'hameçon ne l'a pas pris au nez.

Le mulet n'a pas la vie dure, il vit difficilement dans la boutique d'un bateau ; cependant, à ma connaissance, certains pêcheurs en ont gardé plusieurs mois dans une boutique plongée en plein courant.

Le mulet est-il mangeable ?

Oui, et il vaut beaucoup mieux que sa réputation ; sa chair, un peu molle, s'affermit dans la friture, et ses flancs maigrichons gagnent à la fréquentation du gril...

Consulté par moi à ce sujet, un spécialiste pêcheur me disait :

— Pris sur un fond de sable, le mulet est bon ;

sur la vase, il ne vaut rien; et c'est le cas de tous les poissons, qui, quoi qu'on en dise, ne valent que d'après les fonds où ils passent leur existence.

Du reste le mulet scientifiquement appelé « chondrostôme » et vulgairement « hotu » a ses partisans et voici à ce propos la communication qui nous est faite par M. Armand Guérin, peintre de talent et pêcheur enragé :

Le hotu, connu depuis peu en France est venu de Hollande, dit-on, par la Meuse d'abord puis s'est répandu dans l'Aisne, la Marne, la Seine et les autres cours d'eaux, par les canaux. Il préfère les fonds de grève ou de rochers, le voisinage des ponts et les graviers sur lesquels l'eau, peu profonde, coule rapidement. Les hotus vivent en troupes nombreuses et sont facilement reconnaissables à ce qu'ils se balancent au soleil en faisant miroiter leurs écailles argentées.

J'en ai pris très souvent et de très gros au blé et aux *vers*, mais plutôt au blé. Leurs poids atteint quatre ou cinq livres, rarement plus.

L'hiver, en amorçant avec du sang de bœuf,

on peut en prendre jusqu'à *cent* livres dans une journée.

Ces poissons mangent beaucoup du frai des autres poissons et abondent dans les cours d'eau où ils se trouvent, au détriment des autres espèces.

Voici maintenant une recette, la seule à mon avis pour manger ce poisson dans de bonnes conditions.

Aussitôt le poisson tiré hors de l'eau, lui *percer la tête* avec un couteau, afin de le tuer net et de le saigner. Immédiatement on lui ouvre le ventre on le *vide* et on *le lave* bien soigneusement de façon à ne pas laisser trace de la *peau noire* dont l'intérieur de son corps est tapissé — sans ces deux opérations le hotu sent horriblement la boue et n'est pas mangeable.

On le fait cuire dans la poêle (après l'avoir partagé en deux dans le sens de la longueur), avec du beurre qu'on laisse noircir. Puis on ajoute, au moment où il est cuit, un peu de persil et des échalottes hachés très fin. Servi ainsi, le hotu est très bon, de beaucoup supérieur au gardon et au chevenne.

CHAPITRE XI

PÊCHE DE SEPTEMBRE. — LES CARNASSIERS
LA TRUITE.

En septembre, les disciples de saint Hubert et de saint Pierre sont en présence ; la vieille lutte de l'eau et du feu.

Il ne faudrait pas croire, sous prétexte que la poudre parle et que l'hameçon se tait, que le chasseur est bavard et le pêcheur muet.

C'est absolument comme si je vous racontais que le Midi a seul la spécialité des histoires fantastiques et des « blagues » chauffées à blanc; non, parbleu ! et je reconnais des Septentrionaux qui pourraient rendre des points à toute la langue d'oc et la langue d'oil réunies.

Comme chasseur et comme pêcheur, je tiens à rétablir la vérité.

Un bon chasseur ne parle pas plus en battant le bois qu'un vrai pêcheur en auscultant un fleuve ; mais hors la chasse, mais après la pêche, il serait difficile de dire quel est le plus loquace...

Nous les connaissons tous ces belles et hilarantes histoires racontées le matin au départ et le soir au retour, dans les wagons de chemins de fer ; ce ne sont que loups de soixante kilogrammes, sangliers aux défenses terribles, lièvres fantastiques, outardes énormes ; et quels récits sanglants, quelle danse macabre où se succèdent des hécatombes de lapins, de perdrix, de cailles et de faisans...

Maintenant écoutez, dans le compartiment voisin, plus bruyant encore, plus échauffé, c'est un défilé de brochets de trente livres, de carpes grosses comme des baleines, de truites gigantesques, de barbillons effrayants, d'anguilles longues comme des boas...

— Oui, monsieur, je l'ai lu dans *le Temps*, il n'y a pas à dire mon cœur, les pêcheurs du Brusq, dans le Var, ont pris un dauphin mesurant trois mètres de longueur...

— Qu'est-ce que cela ? j'ai vu retirer de la

fontaine de Vaucluse, des anguilles dont la peau aurait pu facilement recouvrir l'Obélisque comme un fourreau de parapluie...

— C'est peut-être vrai ; mais, moi, j'ai fait plus fort que tout ça avec un simple ver rouge... Tu te rappelles, n'est-ce pas, Charles, sous le pont de Villeneuve-Saint-Georges...

— Si je me rappelle... pas du tout...

— Mais, si ; écoutez messieurs, j'avais un simple ver rouge au bout de ma ligne, je pêchais au goujon, oui, mes amis, au goujon, — j'étais très fortement monté, je dois l'avouer ; — ça mord, je ferre ; vous savez, un coup sec, et je tire un goujon.

Beau goujon, ma foi, je le sortais frétillant de son sable quand, à mi-chemin, un chevenne s'élance et le happe au passage ; un chevenne d'une demi-livre tout au plus, tant pis, je referre et me prépare à tirer mon nouveau poisson hors de l'eau... mais, à cet instant, une perche passait qui cherchait aventure ; elle voit le poisson qui se défendait au bout de ma racine et v'lan, sans hésiter se jette dessus, l'avale et s'enfuit... ou du moins essaye de s'enfuir, car je referre une troisième fois et la pique.

Par bonheur j'étais bien outillé : cordonnet solide et irlandais numéro 10, monté sur d'excellent florence.

Aussi, je sortais en riant cette folle perchette quand, à l'improviste, une secousse épouvantable m'arrache presque la canne des mains, je résiste machinalement, la ligne se tend...

Eh bien ! vous me croirez si vous voulez, c'était un brochet, un énorme brochet qui, sans doute poussé par la fringale, avait inconsciemment englouti la perche... Grâce à mon sang-froid et à mon habileté, je pus ramener cette capture opime à la maison, où je la préparai moi-même... Sous les yeux des miens, étonnés, j'enlevai successivement le brochet, qui fut mis au bleu, la perche, que ma femme déposa sur le gril, et le chevenne, que la bonne jeta dans la poêle où le beurre susurrait.

— Et le goujon ?

— Le goujon, messieurs, le goujon était encore tout vivant ; je le donnai à mon petit garçon qui le mit dans un bocal, où vous pourriez le voir encore aujourd'hui, nager en compagnie de deux ou trois cyprins dorés.

— Et le ver rouge...

— Le ver, attendez donc... le ver ! je ne voudrais pas mentir pour un ver, j'aime mieux avouer que je ne sais pas ce qu'il est devenu !

Mais laissons les voyageurs et leurs récits pour revenir à nos carnassiers. Un grand pêcheur devant l'Eternel, Bossuet, nous dit quelque part : « Otez l'amour, il n'y a plus de passions ; mettez l'amour, vous les faites naître toutes... »

Bossuet avait raison car, à ma connaissance, les deux plus remarquables pêcheurs de truites qui aient jamais côtoyé une rivière doivent cette passion à un amour non partagé... Mais raconter leur histoire m'entraînerait hors de mon sujet...

Vous avez tous mangé de la truite, donc il est inutile de vous dire que cette cousine du saumon est un poisson des plus délicats.

Vive et vorace, la truite se plaît dans les eaux courantes et limpides ; plusieurs variétés sont assez répandues en France : la truite à chair blanche et la truite saumonée, ces différentes espèces ne se rencontrent que dans les cours d'eau dont la température ne dépasse pas 15 à 18 degrés.

Personnellement j'ai capturé d'assez jolies truites ; cependant c'est un de mes confrères en saint Pierre, M. Kisch, qui a tiré, à ma connaissance, une des plus grosses pièces hors de l'eau : une truite saumonée pesant 14 livres ; plusieurs pêcheurs m'ont affirmé avoir levé ou vu lever des truites de 8 à 10 kilogrammes — ce poids me paraît exagéré...

On pêche surtout à la truite dans le Rhône et le lac de Genève, avec des filets et des barrages spéciaux ; on me dit que certains jeunes riverains de l'Hérault prennent, en plongeant, des truites à la main...

Enfin, on assassine la truite soit avec un trident acéré, soit à coups de fusil, lorsqu'elle vient se reposer à fleur d'eau.

La truite se pêche régulièrement de deux façons :

Soit à la ligne flottante, dans l'eau trouble et non loin d'un remous...

Jette ton amorce en silence,
Pêcheur parle pas.

Il ne faut même point parler bas, il ne faut pas ouvrir la bouche en pêchant la truite qui est bien le poisson le plus soupçonneux que je connaisse.

Mettez un solide hameçon n° 2, auquel vous accrocherez soit un fort ver rouge de prairie, une patte d'écrevisse, une sangsue ou un goujon, certains amateurs se servent de petits poissons en métal blanc ; pour ma part, je préfère un simple véron.

D'autres encore disent merveille du *diable* pour pêcher la truite...

On appelle *diable* une sorte de chenille artificielle, faite en peau et en soie brillante, entourée de fil d'archal, terminée par une queue de poisson en métal et caparaçonnée du haut en bas d'hameçons aigus.

On accroche le *diable* à sa ligne au moyen d'un émérillon que lui donne un mouvement giratoire continu, et, paraît-il, la truite se jette sur cet arlequin avec une voracité sans égale et se prend sans rémission...

Mais la vraie, la seule pêche de la truite est la pêche à grande volée, à la muette et à la sauteuse, telle que les amateurs la pratiquent dans la Sorgue, le Gave, le Loir, l'Ain, dans la plupart des rivières du Loiret, de Normandie, du Jura, du Languedoc et de la Saintonge...

On peut dire que la truite à jeun se jette sur tout ce qui tombe à l'eau : sauterelles, mouches, hannetons, grillons, etc. ; mais, malgré sa gourmandise et la rapidité de ses bonds, la truite est une fière commère distinguant souvent à merveille, au grand désespoir du pêcheur, l'appât trompeur de la mouche inoffensive.

Malgré sa voracité, la truite est d'une défiance extraordinaire ; au moindre bruit, elle disparaît, et si elle aperçoit le pêcheur, *jamais* elle ne mordra malgré les apparences honnêtes de vos amorces sautillantes.

Le premier point, pour pêcher la truite, est donc de pêcher seul et en se cachant ; le second, de donner à sa ligne une ténuité et une solidité extraordinaires.

La truite accrochée se défend brutalement, et longtemps ; c'est une des rares pêches pour lesquelles j'admets le moulinet et encore le moulinet tel qu'il a été perfectionné par M. Ernest Bacquart, un de nos plus fins preneurs de truites...

7.

Prenez une canne à pêche ou un roseau d'une seule pièce, canne ou roseau terminés par un scion en baleine muni d'une petite boucle solide à son extrémité ; placez votre moulinet à cinquante centimètres de la grosse extrémité de votre canne, mais, au lieu de faire passer votre cordonnet dans des anneaux placés le long de votre roseau selon l'habitude..., *grâce à un œillet percé près du moulinet vous faites passer votre cordonnet à l'intérieur de votre canne le faisant ressortir à cinquante centimètres de l'extrémité du scion — grâce à un second œillet — extrémité terminée par la boucle qui supporte votre ligne.*

Voici les immenses avantages de ce système très simple :

1° Par les temps chauds et les jours de pluie, votre cordonnet ne se poisse pas contre votre gaule et ne se décorde pas ;]

2° Il est protégé contre les déchirures des épines et ne vient pas se vriller contre les anneaux destinés à le soutenir extérieurement...

3° Mais voici le point principal :

Les rivières où se pêche la truite sont généralement bordées de buissons et de grands arbres touffus qui cachent à merveille le pêcheur, mais lui rendent difficile le lancement de sa « mouche » au milieu du courant.

Voilà où le système mis en pratique par mon collègue Bacquart et quelques initiés apparaît dans toute sa valeur.

Du milieu des arbres apercevez-vous, grâce à une étroite éclaircie, la nappe brillante de l'eau et, tout près, la roche où la truite s'est embusquée ?

Alors procédez de la façon suivante :

Caché derrière un arbre, vous ramenez, grâce au moulinet, votre ligne de telle sorte qu'il ne reste que quarante ou cinquante centimètres de racine pendant à l'extrémité du scion; ainsi parée, votre canne passe facilement à travers le feuillage.

Calculez votre coup et laissez tomber sans bruit la mouche, de façon naturelle, devant la truite en pleine quiétude. La truite s'élance, happe; vous la ferrez, la fatiguez, et, une fois votre capture lasse et certainement bien accrochée, vous tournez doucement le moulinet, montez la truite jusqu'à l'extrémité du scion, — comme un sac de blé au moulin, — la passez malgré ses soubresauts, à travers les arbres, la décrochez et, toujours caché, continuez votre pêche...

Or, *le cordonnet placé à l'intérieur du roseau permet seul d'agir avec cette facilité d'évolutions et cette sécurité;* si vous placiez, comme cela se pratique partout, le cordonnet le long de votre canne munie d'anneaux, huit fois sur dix votre opération ne réussirait pas : le cordonnet, lâche ou tendu suivant les secousses, s'accrocherait ainsi que les anneaux, aux branches des arbres, s'emmêlerait et passerait difficilement à travers les buissons et les feuilles.

Deux œillets à percer et à limer et n'importe quelle canne est vite transformée.

D'un appétit féroce et glouton et par suite chassant sa proie pendant de longues heures, la truite se repose et digère dans le milieu de la journée.

Le matin et le soir sont les meilleurs moments pour chercher la truite.

S'il y a des truites dans une rivière, vous les prendrez certainement; mais je le répète, ce poisson sait se garder et se défendre et le pêcheur a besoin de toute sa prudence et de toute son habileté.

Pas un mouvement quand vous pêchez au coup, et, si vous pêchez à la volée, que votre mouche vienne effleurer l'eau, silencieuse, et avec les mouvements qui lui sont habituels...

Soutenez bien votre ligne, que la racine ne touche jamais l'eau et soyez toujours prêts à ferrer.

Je n'ai jamais regretté autant qu'aujourd'hui que les dimensions d'un volume ne me permettent pas d'introduire quelques portées dans ses pages, portées grace auxquelles je pourrais vous transcrire l'une des plus fameuses et des plus charmantes barcarolles de Schubert...

On sait combien les « lieder » du compositeur autrichien sont célèbres de l'autre côté des Alpes ; or l'un des plus connus est certainement celui qui se trouve indiqué sous le nº 4 dans les *Cinquante Mélodies*, de Franz Schubert, traduites par L. Pomey, sous la direction de madame Pauline Viardot. Cette mélodie, que je vous recommande tout spécialement, s'appelle « Die Forelle » ou, en français : *La Truite.*

Ne pouvant transcrire la musique, je donnerai au moins les paroles qui nous prouveront que Schubert s'entendait peut-être mieux à chanter la truite qu'à la pêcher :

> Au fond d'une onde claire,
> Passait et repassait
> La truite plus légère,
> Plus rapide qu'un trait.
> J'étais sur le rivage;
> Et mon regard suivait
> Les jeux de la volage
> Au fond du ruisselet.

> Quand un pêcheur s'arrête,
> Sa ligne dans la main,
> Apercoit la pauvrette
> Et jette son engin.
> Que l'eau reste limpide,
> Pêcheur, dis-je tout bas,
> Et ta ligne homicide
> Ne la surprendra pas!

> Mais le méchant se lasse
> Du temps perdu. De l'eau,
> Agitant la surface
> Il trouble le ruisseau.
> Bientôt au fil perfide
> La truite se prenait.
> Je sentis, l'œil humide,
> Mon cœur qui se brisait.

Je me hâte d'ajouter que la musique est de beaucoup supérieure aux paroles. Le chantre, ici, maltraite le pêcheur qu'il appelle méchant, se servant d'un fil perfide et d'une ligne homicide ! tandis que la truite est une pauvrette volage.

Quelquefois, quand il m'est arrivé de piquer et de lever une forte truite, ma canne s'est brisée, mon cœur jamais ! Vous aussi, n'est-ce pas, vous pêcheur calme et d'humeur tranquille, n'ayant aucun instinct meurtrier et nul goût pour l'anthropophagie, tandis que la truite, le plus vorace et le plus terrible des poissons carnassiers, passe sa vie à dépecer les faibles et à croquer les petits.

Si la truite se nourrit bien, elle forme, par suite, une nourriture délicieuse...

Les petites truites sont excellentes sur le gril ; les grosses pièces se servent à la chambord, au bleu ou en marinade ; la truite mise au court bouillon le soir, et servie le lendemain matin, froide, au déjeuner, forme un plat exquis.

Plus que toute autre pêche, celle de la truite donne à la fois à ses adeptes les émotions de la pêche et de la chasse.

Il faut surprendre ce poisson avant de le prendre, faire avec lui lutte de finesse, de tactique et d'énergie.

Un pêcheur de truite ne pêche que la truite, c'est une passion qui ne supporte pas de rivale.

Nous avons en France des « truitiers » réputés, il me suffira de citer les noms de MM. Allaire, Minost, W. Roberts, G. Péter, Guilleminot, Dismurer, etc...

A ce propos, un capitaine en retraite, M. B***, bien connu sur les bords des rivières du Jura, à bien voulu m'adresser quelques lignes sur la pêche de la truite à *la main*, telle qu'elle se pratique dans ses montagnes.

Dans la Bienne, notamment, nous écrit-il, les truites se tiennent généralement sous des pierres, dont les plus petites ont environ 40 ou 50 centimètres de diamètre. La grosseur de la truite est généralement en raison directe de la profondeur de l'eau et de l'étendue de l'excavation qui lui sert de local.

Le pêcheur connaît toutes les bonnes pierres sur le parcours qu'il explore habituellement ; il sait que, sous telle pierre, il y a presque toujours une truite de tant de grosseur. Le pêcheur arrive à se dire qu'il en a pris une de 600 grammes, il y a huit jours, sous telle pierre; s'il y en a une aujourd'hui, elle doit être du même poids, à 100 grammes près. Et il va s'en assurer avec la main qui fouille avec précaution tout l'appartement occupé par la truite. Quand il s'est assuré de la présence de la truite, en la touchant, il peut, s'il est habile et si le temps est propice, la prendre à pleine main par le milieu du corps, sans trop serrer. Les bons pêcheurs savent si bien faire que la truite, rien qu'en la touchant, rien qu'en promenant le doigt sur la partie qu'on touche, vient malgré elle se placer dans la main.

Le pêcheur prudent, ou qui n'est pas sûr de lui, retire la main dès qu'il a touché la truite, entoure la pierre avec des mottes de terre pour que le poisson ne puisse plus s'échapper, et il le prend à volonté. Les plus grands pêcheurs de mon temps se nommaient Labourier et Bondier-Lange; l'un d'eux pouvait prendre dix livres de truite dans trois ou quatre heures. Le vieux Bondier-l'Ange a pris 14 truites sous la même pierre; mon frère aussi en a pris 5.

Je ne parle pas de la pêche qui se fait dans les eaux profondes ; je ne l'ai jamais vue pratiquer ; il paraît que les bons plongeurs prennent de cette manière de belles pièces.

CHAPITRE XII

LA PERCHE

Vous souvenez-vous de ces anciennes images d'Épinal représentant, cuirassés, bardés et cerclés de fer et d'acier, les guerriers de tous les temps et de toutes les nations ?

Parmi les plus bardés et les plus formidablement armés pour l'attaque et pour la défense, — tout au moins sur le papier, — se distinguaient les guerriers chinois préposés à la garde particulière du Fils du Ciel, autrement dit : « les Tigres impériaux ».

Cuirasses agrémentées de crocs et de lames tranchantes, casques surmontés de pointes acérées, brassards garnis d'émérillons, jambières ornées de piquants, etc., etc.

Puis tout un tremblement de ferraille pi-

quante, coupante, déchirante, tranchante...
sabres, poignards, javelots, lances, flèches,
dards, etc., etc.

Or, cet attirail aussi dangereux qu'épouvantable, nous le retrouvons dans la gent des eaux, et «tigresse» pour la férocité et le cannibalisme, la perche de nos rivières est « tigre » encore par le formidable appareil d'estoc et de taille qui la recouvre.

La perche est cependant l'un des plus jolis poissons de nos fleuves; sa peau zébrée, où l'or, le vert, le jaune se trouvent mêlés au rouge vif, au rose tendre et à l'argent, forme l'une des robes les mieux assorties qu'il soit donné au pêcheur de voir glisser entre deux eaux.

Mais l'habit ne fait pas le moine, et jamais âme plus noire ne fut cachée sous plus brillante enveloppe.

La perche est vorace, insatiable, méchante et traîtresse.

Pas une ablette, pas un gardon ne passe à sa portée sans qu'elle se jette dessus, et comme elle est aussi leste que cruelle, les pauvres bestioles sont vite attrapées, déchiquetés, avalées et digérées.

Bien rablée, nageant avec une vitesse remarquable, la perche ne redoute rien, pas même le brochet, pas même l'anguille.

Je parle de la perche arrivée à son entier développement et possédant toutes ses armes offensives et défensives.

Et, en effet, non seulement la bouche énorme de la perche est garnie de dents aiguës, mais le palais et le gosier possèdent encore plusieurs rangées de ces dents redoutables.

Les ouïes sont terminées par deux piques pointues comme des aiguilles et les écailles sont dures et coupantes.

De plus, la perche possède deux nageoires dorsales, dont la première est armée de quinze piquants, et la seconde de quatorze; nageoires qui, lorsque la perche chasse, se dressent sur son dos semblables au cimier d'un casque grec, et ajoutent à son aspect terrifiant.

La voracité aveugle de la perche permet de la capturer assez aisément.

On la prend couramment à la cuiller, — nous étudierons spécialement cette pêche à propos du brochet, — on la lève aussi facilement en pêchant à la « surprise » avec un poisson d'étain.

Cette dernière pêche ne demande pas grand attirail et est absolument licite quoiqu'en puissent dire certains gardes-pêche trop zélés, ou des fermiers trop acharnés après les petits.

Il vous suffit de posséder une forte gaule, un ou deux mètres de cordonnet, 40 centimètres de racine et un poisson d'étain tenu par un fort hameçon...

Apercevez-vous une perche chassant, et les petits poissons sauter autour d'elle comme les fusées d'un feu d'artifice, vite lancez adroitement au milieu de la chasse votre poisson d'étain, faites-le briller en le tirant contre le courant, et attention.....

Dépitée d'avoir manqué une ablette trop agile, la perche, arrêtée comme un taureau des Camargues au milieu de l'arène, a tourné ses gros yeux ronds tout autour d'elle...

Qu'est-ce à dire ? tous les poissons n'ont pas fui à son approche, voici un galopin qui vient faire des grâces à sa portée...

Punissons vite ce téméraire !...

La perche dresse ses nageoires, bondit, ouvre la gueule, happe le poisson et... vous ferrez et jetez sur le gazon la féroce ichthyophage.

Aux mois de juillet et d'août, la perche mord volontiers au ver rouge; c'est alors qu'elle se repose sous les gros bateaux, près des berges où, tapie contre les pierres que la perche happe le ver rouge passant à sa portée.

En général on pêche la perche au vif en amorçant avec un goujon ou de petits gardons.

La perche, — je ne sais trop pourquoi, — est très friande de pattes d'écrevisses et saute avidement sur cet appât crustacique ; vous pouvez encore essayer de la grenouille.

La ligne dont vous vous servez pour attaquer la perche, au vif ou au ver, doit être d'une très grande solidité et composée de huit ou dix crins tordus pour le haut, de six crins pour le corps, et de quatre à la partie inférieure où vous attachez une longue racine terminée par un hameçon n° 4 ou 5.

Le crin peut être remplacé, surtout pour le vif, par du cordonnet teinté, de bonne grosseur, car, en cherchant une perche, vous pouver tomber sur un brochet.

Pas de moulinet à votre ligne, la perche dépasse rarement deux ou trois livres et votre ligne doit pouvoir lever un poids pareil.

Quand la perche mord, il est bon de ne pas ferrer de suite, il faut lui laisser le temps d'avaler le poisson qu'elle a saisi et ne la piquer qu'après quelques instants de filage.

La défense est rude au début, mais inférieure cependant à la défense de la carpe, du barbillon et de la truite.

La perche parcourt toutes les eaux et chasse partout.

Par ainsi, vous la pêchez dans les courants, les remous, les barrages, les moulins, les écluses, comme dans les trous, les canaux, les haïs; et ce, à toute profondeur, aussi bien à la surface qu'aux endroits les plus profonds.

Vous pouvez donc mettre plusieurs hameçons à votre ligne, suivant la profondeur des eaux.

N'oubliez pas, en ferrant la perche, que sa formidable bouche est très délicate et se déchire sous une attaque trop brutale de l'hameçon; c'est avec elle qu'il faut avoir une main de fer sous un gant de velours.

L'endroit où j'ai vu prendre, pendant de longues années, les plus grosses perches, est en Seine, non loin de Thomery.

Là, en bordure de la propriété de M. de Ségur, se trouvent — au milieu du courant, à un coude très profond, réputé fort dangereux à cause de ses tourbillons, et, par suite, bien connu des mariniers — deux roches dont le nom m'échappe aujourd'hui.

Placé sur ces roches, j'ai assisté et coopéré à la capture de perches pesant deux et trois livres ; bien plus, en 1872, un sous-lieutenant d'infanterie, en garnison à Fontainebleau, a levé devant moi une perche pesant cinq livres moins quelques grammes, la plus grosse que j'aie vue. Cette énorme perche, il est vrai, contenait une livre et demie d'œufs, compte exact.

M. Picot, de Genève, ayant trouvé dans une perche d'une livre, 120 grammes d'œufs donnant un total de 992,000 œufs, la perche de cinq livres citée plus haut renfermait donc environ 6,000,000 d'œufs, ce qui est gentil comme multiplication et fait honte à la meilleure de nos poules.

La Marne aussi cache en ses eaux des perches de belle taille et dans l'haï formé vers le haut de l'île de Beauté, à Nogent, MM. Jovenet et Gaillard, qui sont réputés parmi les

plus experts et les plus acharnés pour la pêche au vif, m'ont affirmé avoir pris assez fréquemment des perches de deux livres à deux
livres et demie, au vif, au ver et à la patte d'é-
crevisse.

La perche possède une cousine-germaine que
l'on nomme *goujonnière*. Son nom indique ses
habitudes et sa demeure.

La « perche-goujonnière » armée, comme sa
parente, de dents, de piques et de défenses redoutables, est beaucoup plus petite et dépasse
rarement 100 grammes.

Elle vit au milieu des goujons, dont elle fait
sa nourriture et auxquels elle ressemble par la
couleur et l'aspect.

Très vorace, elle mord au vif et au ver
rouge.

Sa chair est de haute qualité et ne dépare
point une friture de goujons.

J'ai dit plus haut que les écailles de la perche
étaient fort tenaces ; il est donc utile de l'écailler toute fraîche avec un fort couteau ; d'aucuns
se servent d'une râpe...

Le pêcheur devra éviter, avec le plus grand
soin, de saisir la perche vivante à pleines mains,

les piqûres de ses nageoires sont mauvaises et s'enveniment assez rapidement.

Si l'on est piqué, se laver de suite avec de l'alcali, dont tout pêcheur doit être muni ; avant d'écailler la perche, couper les nageoires dorsales, les ouïes et se méfier des dents fines et nombreuses.

La perche se mange à toutes sauces : frite, en matelote, sur le gril, dans la poêle, au court-bouillon, à la broche, sur une sauce tomate, à la béarnaise... Si les hasards de la fortune vous rendent possesseur d'une perche de deux ou trois livres , confiez-la délicatement au gril, sur un feu vif, et dégustez-la simplement arrosée d'une larme de beurre et d'un pleur de citron.

Quelques délicats fendent le ventre rosé de la perche et le garnissent d'un mélange savant de persil, de sel, de poivre, d'échalote et de beurre...

Ça se laisse manger.

CHAPITRE XIII

L'ANGUILLE

Dans nos pays, l'anguille se prend très rarement à la ligne flottante ; pour ma part je reconnais, sans trop de honte, n'en avoir jamais pris de cette manière, et bien des pêcheurs consultés par moi m'ont fait la même confidence.

Cependant l'anguille peut se prendre à la ligne flottante, j'ai en effet vu lever, — non pas prendre, — une anguille avec une ligne à goujon.

Tous ceux qui ont parcouru la forêt de Fontainebleau connaissent les petits villages de Bois-le-Roi et de Brolles, enfouis sous de hautes futaies, jadis désertes, maintenant parcourues par une légion de peintres, de promeneurs et d'artistes en tous genres.

Il y a quelque vingt ans, Bois-le-Roi comptait peu de villégiateurs, deux ou trois tout au plus, entre autres Louis Noir et Gustave Mathieu, le gai chansonnier.

. Or, un beau matin, je pêchais au vif non loin du barrage de La Cave quand, tournant la tête, je vis derrière moi l'auteur de *Jean Raisin* qui, appuyé sur son immense gourdin de genévrier peint en rouge, regardait fixement devant lui.

Je regardai à mon tour et, sur l'étroite passerelle de l'écluse, je vis une jeune et jolie femme qui « trempait du fil dans l'eau ».

— Hein ! me fit Mathieu...

— Eh ! eh ! lui répondis-je.

— Farceur... je me demandais ce qui vous poussait de si bonne heure au bord de l'eau... je comprends, maintenant...

— Ma foi, je vous assure que, tout au brochet, je n'avais pas encore remarqué cette charmante pêcheresse.

Lors Mathieu, brandissant son rouge géné-

vrier, me déclama, narquois, une de ses plus
charmantes bluettes :

Quand l'eau se dégage des fleurs,
Des joncs, de l'herbe et des feuillages,
On voit passer, dans ses lueurs,
Oiseaux, poissons et doux nuages...
Vive le temps du renouveau,
Où tout renaît dans la nature,
Oiseaux aux bois, poissons dans l'eau
Et fleurettes dans la verdure !

A peine finissait-il ce dernier vers que les
cris : — « Un serpent !... un serpent !... à
moi... au secours... » nous firent tressauter...

C'était la jeune femme qui, cramponnée de
la main gauche au garde-fou de la passerelle,
brandissait de la droite sa ligne où se tortillait
furieusement une belle anguille.

Quiconque a habité la forêt de Fontainebleau
sait que les couleuvres n'y sont pas rares et
que les vipères s'y rencontrent assez fréquemment.

Les personnes venues là en villégiature, ne
sortant jamais sans alcali, se promènent avec
la crainte du serpent, ayant sans cesse la vision
d'un aspic au moindre bruit de branche cassée
ou d'herbe froissée.

Les cris de la jeune pêcheresse étaient donc fort naturels et son effroi très légitime...

— Nous voilà... n'ayez pas peur... nous y sommes... criait Mathieu.

Déjà, en effet, nous mettions le pied sur l'étroite passerelle.

— Tenez bon, madame, lui dis-je, fort ému comme homme et comme pêcheur; ce n'est pas un serpent, c'est une anguille...

Et je me précipitai vers la ligne.,.

Mais l'anguille par trop galante, et qui voulait bien se faire prendre aux rêts d'une jolie femme, n'avait probablement aucune raison pour rester avec moi... A peine avais-je saisi la gaule que, d'un tour de rein, elle cassa tout, retombant à l'eau et emportant un mètre de racine et de cordonnet.

Je m'excusai, tout pantois. Cependant, je montai une nouvelle ligne à ma voisine pour compenser ma bêtise... Mais quand, ayant fini mon travail, je levai la tête, j'aperçus, au loin, Gustave Mathieu qui, de son bras droit soutenant l'inconnue, me faisait du senestre un petit signe d'adieu en se dirigeant vers la maison de l'éclusier, où, du reste, à peine arrivée, l'héroïne de ce petit drame tomba en défaillance.

Donc, on prend des anguilles à la ligne flottante, mais ce n'est pas une pêche courante...

Quoi qu'il en soit, l'anguille étant l'un des poissons les plus connus du globe, a droit à une description détaillée :

Le nom quasi-scientifique de l'anguille, *anguilla muræna*, nous apprend qu'elle appartient au groupe des murènes, ces poissons qui, au temps jadis, se nourrissaient de pêcheurs réduits en esclavage.

L'anguille ressemble au serpent; sa tête est fine, sa mâchoire menue, mais garnie de dents pointues et nombreuses, son corps visqueux et comme vernissé.

L'anguille d'étang ou prise sur les fonds vaseux est de couleur brune; celle des eaux vives et des fonds de sable est vert-clair, avec des reflets argentés.

Le pêcheur et la ménagère ne s'y trompent point; l'anguille noire ne vaut pas grand'chose, tandis que l'autre est un manger excellent, superfin, sacerdotal.

M. Moriceau nous apprend que ce poisson

parvient à une grandeur très considérable. Il n'est pas rare, dit-il, en Angleterre et en Italie, d'en trouver du poids de dix kilogrammes. Dans l'Albanie, on en a vu dont la grosseur a été comparée à celle de la cuisse d'un homme; et des observateurs très dignes de foi ont assuré que, dans les lacs d'Allemagne, on en avait pêché qui étaient longues de 3 mètres 25 à 4 mètres.

On affirme aussi que le Gange nourrit des anguilles mesurant dix mètres de long; si ces anguilles ne sont pas des canards, ce sont assurément des boas ou des anacondas voyageurs. Quant aux anguilles vraies, celles qui dépassent un mètre peuvent être regardées comme de très jolies pièces.

Pour ma part, les plus grosses anguilles que j'aie vues atteignaient, au plus, 1 mètre ou 1 mètre 20, et avaient à peine la grosseur d'un saucisson de Lyon; cependant, l'on m'assure que certaines rivières de Vaucluse, la Sorgue surtout, renferment des anguilles pouvant soutenir la comparaison avec les murènes d'Italie.

Toutes les rivières de France possèdent des anguilles; la Seine et la Marne en recèlent des quantités. J'ai débondé des nasses qui emprisonnaient jusqu'à trente anguilles, et certaines lignes de fond en retiennent accrochées à tous leurs hameçons.

Donc, les anguilles, petites et grosses, se trouvent partout et en masse, sinon majestueusement.

L'anguille est cependant l'un des poissons dont la croissance se fait le plus lentement. A ce sujet, un naturaliste du siècle dernier, Septfontaines, a laissé de curieux travaux. C'est ainsi qu'au mois de juin 1779, ce naturaliste mit soixante anguilles dans un réservoir; elles avaient alors environ trente centimètres. Au mois de septembre 1783, leur longueur n'était que de quarante à quarante-cinq centimètres; au mois d'octobre 1786, leur longueur n'était que de cinquante centimètres; et enfin, en juillet 1788, ces anguilles n'étaient longues que de cinquante-cinq centimètres au plus. Elles ne s'étaient donc allongées, en neuf ans, que de vingt-cinq centimètres.

Avec son agilité, sa souplesse et sa force musculaire, il est facile à l'anguille de parcourir de grandes distances et de remonter les courants les plus rapides. Aussi va-t-elle périodiquement, tantôt de la source des rivières et des lacs vers les embouchures des fleuves et vers la mer, tantôt de la mer gagne-t-elle des cours d'eau fort éloignés vers l'intérieur.

L'anguille est un poisson des plus voraces ; et pendant ses migrations, aussi bien que lorsqu'elle est cantonnée, elle cherche toute la nuit les insectes, les vers et les petits poissons, dont elle fait sa nourriture. Les grosses anguilles s'attaquent parfois aux jeunes canetons et les avalent sans scrupule ; dans la basse Seine et dans la Marne, les anguilles sont terribles pour les gardons et les brêmes.

Mais, par un juste retour des choses d'ici-bas, l'anguille est fort recherchée par tout un monde de consommateurs. Sans parler de l'homme, dont nous nous occuperons plus loin, les loutres, les grues, les cigognes et les hérons la pêchent avec autant d'adresse que d'assiduité ; les hérons surtout ont, sous la dentelure d'un de leurs ongles, des espèces de crochets qu'ils enfoncent dans le corps de l'anguille, et qui rendent inutiles tous les efforts qu'elle fait pour échapper à leurs serres.

Le brochet lui-même s'offre volontiers une anguille, lorsqu'il est le plus fort, à charge, pour l'anguille, de lui rendre la pareille à première occasion.

Maintenant, certains auteurs se plaisent à raconter que l'anguille sort volontiers de l'eau pour aller se promener sur la terre ferme, visiter les champs et les prés, cueillir les petits pois dont elle est friande, ramasser les escargots, chercher des vers et bâiller au clair de lune.

Peut-être l'anguille est-elle amphibie, comme le crocodile, et aime-t-elle noctambuliser comme un poète élégiaque; mais le cas est douteux, et, quoique le fait soit article de foi pour bien des gens, je me borne à l'énoncer sans me prononcer.

Je n'ai jamais vu d'anguille faisant ainsi sa promenade digestive. Je le sais fort bien, l'anguille a la vie très dure; posée à terre, elle se tortille avec vivacité et cherche à s'échapper en serpentant, sans paraître trop souffrir de son nouvel élément; mais c'est un cas fortuit et insuffisant pour prouver ses pérégrinations terrestres.

Dans certains étangs dont l'eau affleure le sol, parfois quelques anguilles venant chercher des vers sur les bords se hasardent sur l'herbe humide de la berge, où bientôt, mi-asphyxiées, elles tournent à l'aventure, par-ci, par-là, et sont retrouvées par les propriétaires, au lendemain matin, souvent très loin et quasi-mortes.

De là, je crois, est venue la légende des émigrations d'étang à étang et des voyages crépusculaires, légende que les braconniers d'eau douce ont propagée de toutes leurs forces, pour avoir le doux plaisir, après avoir dévalisé un étang, de s'écrier avec le propriétaire :

— Hein! qu'est-ce que je vous disais? Les anguilles aiment les voyages; elles sont parties... voie de terre et voie d'eau...

Les anguilles prennent aussi le chemin de fer, mais le plus souvent contre leur gré.

Une question très discutée a été longtemps celle de la reproduction des anguilles.

Je n'ai pas à faire ici de l'histoire naturelle et la place me manque pour raconter toutes les fables qui ont entouré la naissance des anguilles, il me suffira de dire que les anguilles se reproduisent simplement comme les autres poissons.

Bien entendu je donne ici mon avis et ne prétends pas soutenir une thèse ovipare ou vivipare, étant pêcheur et non naturaliste.

Ovipare ou vivipare, l'anguille est un poisson prudent, aimant son intérieur et craignant ses voisins.

Si la nuit elle cherche pâture, le jour elle se se tient cachée dans un asile soigneusement préparé. Elle se creuse avec son museau une sorte de trou ou terrier dans la terre molle des berges et, par une attention particulière et fort remarquable, ce terrier a toujours deux ouvertures, de telle sorte que si notre poisson est attaqué d'un côté il se sauve de l'autre.

De tout temps les anguilles ont fait l'objet d'un commerce important et lucratif, car ces poissons se trouvent souvent réunis en quantités considérables.

Pline a écrit que dans le lac Benaco, aux environs de Vérone, les tempêtes qui vers la fin de l'automne en bouleversaient les flots, roulaient un nombre si considérable d'anguilles qu'on les prenait par milliers à l'endroit où le fleuve venait sortir du lac. Martini rapporte dans son dictionnaire qu'autrefois on en pêchait jusqu'à soixante mille dans un seul jour et avec un seul filet. On lit dans Redi que lors du second passage des anguilles dans l'Arno, c'est-à-dire lorsqu'elles remontent de la mer, plus de deux cent mille tombent dans les filets tendus par les riverains. Il y en eut une si grande abondance dans les marais de Commachio qu'en 1872 on en pêcha 900,000 kilogrammes. Dans le Jutland il est des rivages vers lesquels dans certaines saisons on prend quelquefois d'un seul coup de filet plus de neuf mille anguilles dont quelques-unes pèsent de quatre à cinq kilogrammes.

En Amérique, hier encore, nous apprenions qu'elles arrêtaient les roues des moulins tant leur masse était considérable; près de Chicago on engraisse les porcs avec les anguilles pêchées dans les rivières, enfin, chez nous, près d'Elbeuf, et même auprès de toutes les rives de la basse Seine, il passe des légions si nombreuses de petites anguilles que les Normands en remplissent des seaux et des baquets.

Dans la Loire-Inférieure, de Saint-Nazaire à Nantes, nous fait connaître M. P. Marie, aux mois de mars et avril, lors du flux et du reflux, des bancs serrés de petites anguilles remontent le fleuve et l'on voit alors des familles entières occupées à pêcher ce menu fretin avec des tamis très fins emmanchés dans de longs bâtons. Les anguilles que l'on nomme alors *cirelles* ne craignent pas le bruit, elles se laissent prendre et les rangs se reforment immédiatement. C'est comme si l'on écumait la Loire.

Les riverains mettent le produit de leur pêche dans de grands baquets le long de la Loire et remuent les anguilles avec des balais de genêt, ce qui leur fait rendre une bave abondante; après les avoir lavées dans plusieurs eaux on les fait bouillir dans de grands chaudrons en les assaisonnant de sel, poivre, persil, thym, ensuite on les presse dans des moules de différentes formes et c'est dans le pays un mets très recherché et en même temps d'un grand rapport. On peut manger de ce gâteau d'anguilles en quantité sans en avoir d'indigestion.

En dehors de ces procédés grandioses l'anguille se pêche surtout dans les nasses en osier et à la ligne de fond.

Les lignes de fond ou *traînées*, dont on se sert pour l'anguille, sont de solides cordeaux garnis de forts hameçons, où doivent être dûment accrochés, en forme de tire-bouchon, de gros vers de prairie ou encore des goujons et des lottes. La traînée se tend au milieu de la rivière et dans le sens du fil de l'eau.

Dans certains départements, entre autres dans le Loir-et-Cher, où les pêcheurs sont assez heureux pour pêcher l'anguille à la ligne, ils savent que, sitôt piquée, l'anguille doit être levée et jetée dans la boutique, à la rigueur couper l'empile si on ne peut décrocher l'hameçon et ne point s'amuser à manier ce poisson trop fugace.

Mais cette pêche est spécialement réservée aux rivières profondes et peu courantes : là, avec une bonne ligne en cordonnet, du florence et peu de plomb, pour laisser au lombric sa liberté d'allures, vous pouvez lever des anguilles le matin jusqu'à onze heures, et surtout de deux à trois heures du soir.

C'est l'heure de chasse de l'anguille, le moment où elle quitte son trou, bat la rivière en quête de nourriture.

Le vers doit se trouver à un centimètre ou deux du fond de l'eau.

Un de mes lecteurs, et je me hâte d'ajouter, un de mes conseils en cette matière délicate, M. Taillarda, un de nos plus fins pêcheurs solognots, a pris de la sorte aux environs de Saint-Dyé plusieurs centaines d'anguilles, en juillet, août et septembre.

Mais, je le répète, les rivières propices à cette pêche sont rares.

L'anguille se pêche aussi avec une simple pelote de vers rouges attachés à une ficelle, sans hameçon ; lorsque notre poisson a avalé cette pilule vermique on peut tirer sans crainte, l'anguille, les dents serrées sur la corde, se laisse arracher de son asile.

L'anguille se prend encore avec une forte aiguille recouverte d'un ver rouge ; aiguille traîtresse qui se redresse dans le ventre du poisson et permet de l'attirer.

La pauvre bête est encore chassée avec la seine, les filets-traîneurs ou diables, la fouane et la fourchette ; elle est chassée sans trêve, ni repos, le matin, le jour, le soir et la nuit.

..... Et sa bonté causa sa perte !

On ne saurait trouver en effet un meilleur poisson d'eau douce que l'anguille :

.... L'anguille au corps d'argent,
Qui s'arrondit, serpente, et glisse en s'allongeant.

L'anguille, je l'ai dit, se pêche surtout avec de grands vers nommés lombrics.

Plusieurs lecteurs m'ont, à différentes reprises, demandé le moyen le plus pratique et le plus commode pour se procurer ces longs vers appétissants (pour le poisson).

Il existe plusieurs méthodes.

1° Bêcher la terre dans les endroits humides et soulever les grosses pierres.

2° Enfoncer un piquet en terre et le tourner en pressant le sol.

3° Faire bouillir ou simplement frotter dans l'eau des feuilles de noyer ou des noix vertes et jeter l'eau ainsi obtenue sur la terre, les vers sortiront en quantité.

4° Arroser le sol avec de l'eau fortement salée.

Les vers sortent par les temps humides, et le

soir, quand on les a ramassés, il faut les conserver dans un pot de grès rempli de mousse imbibée de lait. Un de mes correspondants, qui a du reste gardé l'anonyme m'écrit à ce sujet :

Pour se procurer des vers rouges sans grande peine, on prend un peu de moutarde qu'on délaye dans une certaine quantité d'eau, et l'on jette cette eau sur la terre. Les vers sortent, après une ou deux minutes, surtout si l'opération a été faite silencieusement.

Pour les conserver et les engraisser, on tient les vers dans un pot de grès, garni de marc de café et de terre noire de jardin.

De ces petits trucs, que les pêcheurs nous sauront gré de leur indiquer, on peut conclure que l'ami lombric a des goûts bizarres qui le rapprochent également d'Attila, qui ne pouvait supporter le sel, et de Voltaire, qui aimait le café.

Mais revenons à l'anguille.

L'anguille est l'âme de la matelote, de la vraie matelote, faite sur un feu clair de sapin, dans un chaudron de cuivre rempli de gros vin rouge où le cuisinier jette savamment des boulettes de beurre enfariné, que la flamme vient lécher.

L'anguille tartare mérite que l'on s'y arrête ; ce poisson se comporte bien dans la poêle, et ne reste pas indifférent à une rapide immixtion dans un coulis au vin blanc, surtout si quelques moules coupées de crevettes lui tiennent compagnie. La Fontaine nous a initié aux mystères du pâté d'anguilles :

> Et quoi ! toujours pâtés au bec !
> Pas une anguille de rôtie !
> Pâtés tous les jours de ma vie !
> J'aimerais mieux du pain tout sec !

Jadis les touristes qui visitaient la fontaine de Vaucluse demandaient à voir le figuier témoin des amours de Laure et de Pétrarque ; en notre temps plus pratique et grossièrement matériel, lesdits touristes demandent à goûter les anguilles de la fontaine.

Ces anguilles ont du reste une réputation méritée dont les Vauclusiens sont fiers.

Sans égard pour la mémoire de Laure, sans respect pour les mânes de Pétrarque, le fontainier-restaurateur enlève devant vous une anguille de la Sorgue, la coupe en tronçons vivants, la pose sur le gril et, un quart d'heure

après vous sert un plat... mais un plat qui vaut
le voyage à lui seul.

La peau d'anguille, remplie de sable, forme
une arme redoutable bien connue des rôdeurs
de barrière ; malheureuse bestiole à qui la mort
ne donne point la tranquillité, et dont la peau,
comme celle de l'âne, est prétexte à batteries.

CHAPITRE XIV

LA PÊCHE D'OCTOBRE — LE BROCHET

L'eau salée des mers possède le requin, l'eau douce des fleuves recèle le brochet ; toutes deux peuvent se vanter de nourrir dans leur sein de jolis cocos.

Possédant un coffre solidement charpenté, armé terriblement, leste, perfide et vorace, le brochet est le grand ravageur de nos fleuves.

Tout lui est bon ; comme Saturne, il déguste agréablement ses petits sans respect pour les lois familiales, massacre tous les poissons qui nagent à portée de ses puissantes mâchoires : goujons, gardons, perches, chevennes, tanches, ablettes, lottes, etc. ; ne se fait aucun scrupule de déjeuner du cadavre d'un chien flottant, ballonné au fil de l'eau, et soupe volontiers d'un caneton.

Quelque peu semblable à ce géant des contes de fées qui avait une bouche après chaque doigt, le brochet, il est vrai, ne possède qu'une gueule; mais elle en vaut dix.

Et cette gueule se prolonge jusqu'au fond du gosier... partout vous trouvez des dents aiguës et recourbées, les unes fixes, les autres mobiles; on a compté sur un adulte sept cents dents de différentes grosseurs rien que sur le palais et indépendamment des dents qui entouraient le gosier.

Allez donc être fier de posséder vos trente-deux dents auprès d'un gaillard pareil! Svelte, allongé et souple, le brochet, de la tête à la queue, est une machine de guerre parfaite, un cranequin nageur.

Suivant le fond des rivières, le brochet varie en couleur. Noirâtre et gris terne dans les étangs et sur les lits vaseux, il est d'un beau vert-clair aux reflets dorés sur les fonds de sable.

Plus il est clair, plus il est bon, comme manger, s'entend.

Dans nos rivières, le brochet atteint souvent

1 mètre à 1 mètre 30 de long et son poids peut dépasser 12 et 15 kilogrammes.

J'ai coopéré, en 1869, dans la Vauter, au Bas-Samois, avec MM. G. Sanrey, le sculpteur Léon Dupuy et F. Perrier le pêcheur des Plâtreries, à la prise d'un brochet qui pesait 22 livres et mesurait 1 mètre 20 ; son possesseur, Perrier, le vendit, je crois aux hôtes du château de Fontainebleau.

Un brochet du même poids fut pêché au vif et levé devant moi dans la Seine au pied du coteau de Chartrettes. Mieux encore, en l'année 1887, M. Bacoup, adjudant à l'Ecole des arts et métiers de Châlons-sur-Marne, a pris un brochet de trente livres à la ligne...

Les pêcheurs, ses rivaux, enthousiasmés, lui ont même offert, à cette occasion, un hameçon d'argent commémoratif reposant dans un écrin superbe.

Quoi qu'il en soit, le brochet est une peste pour une rivière, un ogre sans cesse dévorant qui s'élance sur tout ce qu'il aperçoit : petits et gros poissons, grenouilles et serpents, canetons et rats d'eau, jeunes chiens ou rats barbotant dans la rivière.

Un vieux proverbe dit : « Tout ce qui tombe dans le fossé est pour le soldat » ; on peut l'appliquer au brochet : tout ce qui tombe dans le fleuve est pour ce féroce brigand.

Comme à sa force il joint une habileté servie par une adresse et un instinct extraordinaires, on voit quels ravages il exerce autour de lui.

Cependant le brochet est d'une pêche facile.

Il faut se servir, pour la ligne flottante, d'un fort cordonnet de soie et d'une canne très solide, munie d'un moulinet, si l'on veut.

Comme flotte : trois ou quatre bouchons espacés de quarante centimètres, le premier, en commençant par le haut, gros comme un bouchon de champagne et les autres allant en diminuant. Le dernier, gros comme un bouchon à goujon, doit se trouver à 1 mètre 50 environ de l'hameçon, en tenant compte, le cas échéant, de la profondeur de l'endroit où l'on pêche.

Les hameçons à brochet sont des hameçons spéciaux : doubles, triples, à ressort, etc., etc. ; des bricoles nouvelles sont inventées tous les jours pour pincer le monstre. Le mieux est de consulter les praticiens accoutumés à pêcher dans la rivière choisie et connaissant la force et le nombre des brochets.

Ces hameçons, très aigus, doivent être montés sur double et triple racine, sur corde à guitare ou sur des fils de métal ; les empiles seront de 0 mètre 30 à 0 mètre 40, soigneusement vérifiées et achetées chez des fournisseurs consciencieux ; on peut leur ajouter un émérillon.

Chaque pêcheur a ses amorces ; pour mon compte, je les place ainsi, selon mes préférences : petite lotte, goujon, têtard, petits gardons et chevennes. Quand le brochet a mordu, il ne lâche plus sa proie, soyez donc sans crainte, laissez filer la ligne aussi longtemps que possible et ferrez vigoureusement.

Pour retirer l'hameçon de la gueule du brochet, servez-vous d'un dégorgeoir, car les dents de votre capture font des morsures dangereuses et douloureuses.

Si vous pensez piquer de très fortes pièces, entourez votre épuisette d'un cordeau muni d'un nœud coulant qui passe entre les mailles supérieures du filet ; l'extrémité du cordeau, grâce à deux ou trois pitons placés le long du manche de l'épuisette, vient se placer dans votre main.

A peine le brochet est-il dans l'épuisette, tirez le cordeau, le nœud coulant se serre en fermant en partie le haut de l'épuisette et alors vous amenez sans crainte le requin, malgré ses secousses et ses bonds. Le filet de votre épuisette doit être un gros cordonnet très solide ; le manche long et robuste.

Cependant un fort brochet casserait facilement le manche ou le rendrait difficile à manœuvrer, briserait ou déchirerait les mailles du filet, si ce n'était le cordeau spécial ci-dessus décrit qui permet de tirer le brochet hors de l'eau comme on tire le grapin de son bateau.

Cette simple ficelle remplace avantageusement les crocs et autres ustensiles, rarement employés du reste, pour amener le brochet : ces crocs détériorent la bête et sont fort difficiles à manœuvrer.

Le brochet se pêche encore à la ligne de fond, au collet comme un vulgaire lapin, et avec tous les filets connus.

Une question très controversée dans la pêche du brochet est celle de l'accrochage de l'amorce vivante.

Comment doit être placé le goujon ou le gardon qui sert d'appât au bout de votre ligne ?

La question qui divisait jadis les Lilliputiens et étonna si fort Gulliver, à savoir s'il fallait casser les œufs par le gros ou par le petit bout, ne fut pas plus aiguë et plus fertile en discussions.

Les gros-boutiens font passer l'empile par la gueule pour la faire sortir par l'ouïe, d'aucuns même lui font encore traverser la nageoire dorsale, de façon que l'hameçon se trouvant devant la gueule du poisson-appât prenne du premier coup le brochet qui attaque par la tête.

Les petits-boutiens accrochent le poisson-amorce par les deux trous du nez ou font traverser à l'empile tout le canal intestinal pour arrêter l'hameçon près du nez, et ce pour la même raison que les précédents.

Il est bien rare de voir un disciple de saint Pierre causer politique et s'acharner en discussions oiseuses sur le mérite de nos bons représentants ; — mais si la question des alcools et la loi sur les betteraves ne le troublent pas, il n'en est pas de même des choses techniques de son art.

Ne cherchez pas à convaincre un pêcheur gros-boutien du mérite et de l'adresse de son voisin, un pêcheur petit-boutien et réciproquement.... autant vaudrait chercher à apprivoiser le martin-pêcheur qui glisse sur les eaux en faisant miroiter sa merveilleuse parure.

CHAPITRE XV

LA PÊCHE A LA CUILLER

Mais la pêche la plus amusante en ce qui concerne le brochet est LA PÊCHE A LA CUILLER. J'ai promis une étude détaillée sur cette pêche humoristique et je m'exécute avec plaisir :

Mais tous mes lecteurs connaissent-ils la pêche à la cuiller ?

La pêche à la cuiller est une sorte de trait d'union, — trait rare — entre le pêcheur et le canotier ; ce genre spécial de pêche demande en effet plus de force que d'adresse, plus de bras que de tête, et il faut à celui qui l'exerce plus d'habileté comme canotier que comme pêcheur.

Pour la pêche à la cuiller, il faut être deux, absolument comme pour cueillir la fraise, et, je ne saurais trop recommander aux jeunes mariés cette pêche où l'attention n'est point indispensable, c'est un subterfuge habile et pratique pour échapper aux indiscrets et aux curieux, et une occasion, honnêtement et quotidiennement renouvelable, de se procurer de délicieux tête-à-tête.

Pour cette pêche, il n'est point besoin de se mettre en grands frais d'ustensiles, il faut seulement dans son panier :

1º Un assortiment de cinq à six cuillers.

2º Quatre-vingt ou cent mètres de fort cordonnet de couleur brune, enroulés sur un bâtonnet.

3º Des émerillons de rechange et du fil de cuivre tordu en spirale, pour remplacer au besoin la corde à guitare qui retient la cuiller.

Bien entendu, il est indispensable d'avoir un bon canot, léger et porteur, une yole avec une place pour le tireur et une pour le barreur préposé à la cuiller.

On entend par cuiller une plaque ayant absolument la forme d'une cuiller privée de manche;

de forme un peu allongée, cette cuiller est jaune dans la partie convexe, blanche dans la partie concave.

Aux deux extrémités de cette cuiller, sont fixés de forts hameçons à trois branches. La pointe de la cuiller, où se trouve la plus forte bricole, reste libre ; l'autre est fixée à un émerillon qui force la cuiller en course à exécuter un mouvement de rotation continu.

Cet émerillon est retenu par un fil d'archal ou une corde à guitare fixée au cordeau de pêche.

Lorsque vous voulez pêcher, vous n'avez absolument qu'à parer votre bateau et à filer vers la rivière ; aucun appât, aucune amorce ; rien.

Tirez de l'aviron à vitesse moyenne, soit en remontant, soit en descendant le courant, tandis que votre compagnon, assis à l'arrière du bateau et vous faisant face, laisse couler la cuiller à l'eau en filant quarante à cinquante mètres de cordeau.

Si le cordeau est long, et si le canot va doucement, la cuiller a des tendances à foncer.

Si le cordeau est court et si le canot vogue rapidement, la cuiller reste à fleur d'eau.

On arrive du reste facilement, après quelques expériences, à donner à sa cuiller la profondeur voulue.

Ne pas oublier que, dans tous les cas, la cuiller reproduit exactement tous les mouvements du bateau.

Tous les fonds sont bons pour pêcher à la cuiller ; cependant les grands fonds fournissent les plus gros brochets et les plus beaux chevennes ; les fonds bas où l'on voit le soleil briller sur le gravier, apportent un joli contingent de perchettes et de brochetons.

Le pêcheur à la cuiller possède un grand ennemi : l'herbe ; aussitôt que vous sentez, en ramenant, qu'une herbe s'est accrochée à votre instrument, il faut immédiatement le tirer à vous et le nettoyer, c'est au rameur à choisir les bons endroits.

Le mouvement de rotation de la cuiller et ses brillants reflets dans l'eau agissent comme un miroir à alouettes et attirent les brochets, les perches et les chevennes cent fois mieux que tous les poissons en fer-blanc...

Mais, plus encore que la curiosité, c'est une voracité aveugle qui fait se jeter sur votre cuiller les poissons ci-dessus nommés ; voracité telle, que l'on prend autant de brochets ou de perches par les ouïes et le dos que par la gueule.

Aux environs de Paris, la Seine et la Marne sont excellentes pour la pêche à la cuiller ; la Seine surtout, dans les fonds tranquilles et caillouteux entre Samoreau et Saint-Mammès.

Plusieurs lecteurs m'ont écrit pour me demander si la pêche à la cuiller était permise.

Je suis heureux de pouvoir répondre : OUI.

Et c'est encore à un agent trop zélé que nous devons d'être bien fixés en la matière.

Et notez que ce jugement vient encore approuver et reconnaître l'usage, parfois discuté cependant, des poissons artificiels ou vivants comme appât.

Voici les faits :

Au mois de juin 1887, M. Camoin se livrait sur la Saône à une partie de pêche à la cuiller quand un garde cherchant aventure, s'approche, tempête et finalement dresse procès-verbal. L'affaire vint en police correctionnelle.

Le pêcheur incriminé, après avoir expliqué que la cuiller doit flotter entre deux eaux, ayant démontré au tribunal que si elle touche le moindre obstacle elle ne remplit plus le but proposé, a obtenu gain de cause et l'administration a été déboutée.

Du reste le jugement mérite d'être reproduit in-extenso :

TRIBUNAL CORRECTIONNEL DE LYON. — *On ne doit entendre par ligne de fond que celle qui, non munie d'un flotteur, est garnie de plombs assez lourds pour maintenir l'hameçon au fond de la rivière.*

La pêche à la cuiller ne doit pas être considérée comme une pêche à la ligne de fond et peut être pratiquée sans autorisation.

« Attendu qu'il résulte du procès-verbal dressé par le garde-pêche Roche, que Camoin pêchait dans la Saône, au barrage Port-Bernalin, commune de Quincieux, avec une ligne non munie de flotteurs, à l'extrémité de laquelle était fixée un engin appelé « cuiller » avec un hameçon à trois branches ;

» Que le garde-pêche considérant cet engin comme une ligne de fond et ayant constaté que Camoin n'était pas muni d'un permis de pêche, lui a dressé procès-verbal pour pêche non autorisée au moyen d'une ligne de fond ;

» Attendu qu'on ne doit entendre par ligne de fond que celle qui, non munie d'un flotteur, est garnie de plombs assez lourds pour maintenir les hameçons, garnis d'appâts, immobiles au fond de la rivière ;

» Que la distinction entre la ligne flottante et la ligne de fond a été précisée par un arrêt de la Cour d'appel de Paris, en date du 5 février 1862 (R. F. T. 1, n° 86), qui sert maintenant de règle pour l'appréciation des délits de pêche, à la ligne ;

» Que la ligne dite à cuiller a été imaginée pour que la traction dans l'eau, donnant à la cuiller un mouvement continuel de rotation, la fasse ressembler à un poisson vivant et qui sert d'appât pour la pêche dans nos rivières ;

» Que non seulement là cuiller, ne doit pas rester immobile au fond de l'eau, mais que pour servir à son usage un mouvement de traction doit toujours lui être imprimé ;

» Attendu que l'arrêté préfectoral du 27 mars 1887 tolère, pour les pêcheurs non munis de permis, la ligne flottante, même garnie de poissons vivants ;

» Que parmi les engins prohibés par cet arrêté ne figure pas la ligne à la cuiller simulant le poisson vivant ;

» Attendu, en conséquence, que la ligne à la cuiller ne peut être considérée comme une ligne de fond et que Camoin n'a pas commis le délit prévu par l'article 5 de la loi du 15 avril 1829 et l'arrêté préfectoral du 17 mars 1887 :

» Par ces motifs, le tribunal renvoie Camoin des fins de la poursuite sans dépens. »

Voilà donc un fait acquis.

Quoique reconnu par l'autorité, ce genre de pêche a failli jadis causer la mort d'un de mes meilleurs amis, et je me sens encore frissonner en pensant à cette histoire épouvantable que je tiens à raconter pour bien prouver que la pêche procure des émotions aussi terribles que la chasse.

Mon ami, célibataire et misanthrope, aimait beaucoup la pêche à la cuiller, mais une pêche solitaire de son invention...

Or, un matin que, selon son habitude, il se livrait seul dans son « as » à ce genre de sport, ayant solidement attaché le cordeau de la cuiller autour de sa jambe, et, tirant vigoureusement de l'aviron près des pentes de Samoreau, il reçut tout à coup une secousse épouvantable, sa jambe comme arrachée du fond du canot se leva brusquement et, perdant l'équilibre, mon ami roula au fond du bateau en lâchant ses avirons qui filèrent emportés par le courant.

Peu à peu, cependant, malgré les tiraillements qui secouaient son tibia et la corde qui lui déchirait le gras du mollet, mon ami reprit son équilibre, et, se soulevant petit à petit, parvint à se redresser dans son as qui dansait une gigue folle sur le fleuve.

L'instinct du pêcheur reprenant ses droits, mon héros saisit le cordeau d'une main frémissante, et, tirant doucement à lui, amena à fleur d'eau un monstrueux brochet. Mais dans ce bateau léger, sans avirons pour faire contrepoids et maintenir l'équilibre, il était de toute impossibilité de lever le monstre qui se débattait furieusement.

Force était de laisser glisser le cordeau et le brochet en profita pour entraîner le bateau dans les grands fonds vers le milieu de l'eau.

Situation ridicule, car privé de ses avirons notre pêcheur n'y pouvait rien ; le brochet en faisait à sa guise et conduisait le bateau à son gré.

Abandonnée à elle-même, la barque fût revenue vers le bord, mais le poisson ne l'entendait pas ainsi, il tirait hors et tirait toujours...

La nuit tombait, que fallait-il faire loin des maisons, loin de tout secours ?...

En vrai canotier-pêcheur, mon ami n'hésita pas ; comme il nageait mieux qu'une grenouille, il se déshabilla, ne gardant que sa culotte, ceignit fortement le cordeau fatal, entièrement déroulé, autour de ses reins et piqua une tête au milieu du courant.

Mais en voilà bien d'une autre ; pendant qu'il se dirigeait en coupes savantes vers la rive droite, le brochet, par esprit de contradiction, se lança comme une flèche vers la rive gauche.

Le cordeau se tendit... il était neuf et solide, il y eut lutte un instant entre les deux êtres animés ; mais le poisson était dans son élément, et ce fut lui qui l'emporta, entraînant l'homme à la cuiller, comme l'homme avait voulu l'entraîner.

Le brochet nageait avec rage...

Fatigué d'être ainsi tiré sur le ventre et tout

estomaqué, mon ami se mit sur le dos, il fit la planche ; la course en devint plus rapide...

Et le brochet nageait toujours !

Sérieusement effrayé, et craignant d'être pris dans les herbes qui teintaient la surface du fleuve, notre pêcheur voulut détacher le cordeau et laisser le brochet aller au diable... peine. perdue... l'eau avait gonflé les torons de la corde et rendu le nœud indéfaisable... mon ami voulut casser la corde, la couper avec ses dents... efforts inutiles, ses mains se déchirèrent, ses dents se choquèrent sans résultat... Le brochet filait toujours.

Enfin, mon ami sentit un frisson glacer ses membres, ses forces l'abandonnèrent, ses bras se raidirent crispés sur des sagittaires, une vague lui passa sur la tête, puis deux... sa gorge rauque poussa un dernier cri !...

— A moi !... A moi !... . . . .

. . . .

Une heure après, mon ami se réveillait devant un grand feu, entouré par quatre ou cinq gaillards qui le frictionnaient, le piquaient, le chatouillaient, etc., etc.

Sous cet énergique traitement, il revint peu

à peu à lui, entr'ouvrit les yeux, mais son regard encore voilé tomba sur le brochet entouré de ficelle qui gisait à ses côtés; l'œil du monstre était féroce et narquois, sa gueule menaçante...

Notre héros, épouvanté et sous l'influence d'un cauchemar horrible, perdit ses sens une seconde fois.

Un bol de vin chaud fortement épicé acheva sa résurrection, et voici ce que ses sauveurs lui racontèrent :

Au moment où il disparaissait en jetant son appel désespéré, des pêcheurs cachés par les roseaux plaçaient leurs nasses non loin de là; ces braves gens se dirigèrent vers l'endroit d'où les cris semblaient partir, aperçurent un corps humain qui filait sous l'eau comme emporté par un courant violent, lancèrent leur croc et repêchèrent l'homme d'abord, complètement évanoui, puis un brochet aux trois quarts épuisé.

Le brochet mesurait 1 mètre 28 centimètres et pesait 24 livres.

Quoique aimant les fortes émotions de la pêche, mon camarade trouva ces dernières exagérées et jura ses grands dieux de ne plus aller seul faire une partie de cuiller.

Il tint parole, car, un mois après, il se mariait, nous présentant une des plus charmantes jeunes femmes qu'il m'ait été donné de connaître.

Aujourd'hui, la tête du brochet, gueule béante et montrant ses dents aiguës, orne, comme un trophée, la salle à manger des nouveaux époux ; la cuiller et le cordeau sont artistement accrochés et roulés autour du monstre.

Lorsque vous rencontrerez une yole ayant écrit à l'arrière, sur une banderole bleue, le nom : *Radis-noir*, et portant deux joyeux pêcheurs à la cuiller, regardez et dites-vous que c'est le jeune mari qui prend sa revanche sur les brochets, et la jeune épousée qui reçoit ses premières leçons de pêche...

Pour terminer, si vous avez un beau brochet, appelez votre cuisinière et faites les recommandations nécessaires pour le court-bouillon suivi d'une sauce verte. Le brochet embroché forme, de plus, un rôti délectable.

CHAPITRE XVI

LE PROBLÈME DU BROCHET

Au cours de la publication de ces articles, dans *le Petit Journal*, nous écrivions un jour :

Le plus gros brochet, dont le souvenir soit resté, fut pris en 1497, à Kaiserslautern, près de Mannheim ; il mesurait 6 mètres 15 centimètres de long et pesait 175 kilogrammes. Son squelette fut longtemps conservé à Mannheim. Ce brochet portait au cou un anneau de cuivre doré pouvant s'élargir au moyen d'un ressort, anneau qui lui avait été attaché par ordre de l'empereur Frédéric Barberousse, deux cent soixante-sept ans auparavant.

Ce poisson avait donc vécu près de trois siècles.

Pendant ces trois cents ans, ce monstre avait dû en faire de belles.

La sagesse des nations veut qu'un brochet dévore par jour le double de son poids de poisson pour sa nourriture ; le brochet de Barberousse devait avoir ainsi sur la conscience plusieurs millions de kilogrammes de poissons et commençait à devenir une bête de prix.

C'est un problème que j'abandonne aux jeunes mathématiciens, amateurs de pêche, qui se livrent en ce moment aux douceurs des vacances ; je m'engage, du reste, à publier le nom du mathématicien et le résultat de l'équation.

*
* *

Voici le problème :

« Un brochet de 175 kilogrammes, âgé de trois cents ans, a été pris. Quelle quantité de poisson a-t-il mangée en supposant que, depuis sa naissance, il ait dévoré chaque jour le double de son poids en poisson, et étant donné que le brochet a :

A 1 an, 30 centimètres et pèse 200 grammes
A 2 ans, 40   —   —   1 livre
A 3 ans, 50   —   —   3 livres.
A 6 ans, 1 mètre   —   15 livres.
A 12 ans, 1 mètre 30 —   26 livres.

et ainsi de suite en établissant une échelle proportionnelle descendante pour arriver aux 175 kilogrammes et aux trois cents ans, supposant que la croissance et le poids varient de moins en moins en avançant vers la trois centième année. »

*
* *

Il arriva qu'au lieu d'un mathématicien nous en eûmes cent ; au lieu d'une solution, nous en reçûmes mille ; tant et si bien que, débordés par cette avalanche de chiffres, écrasés par ce ruissellement de millions, nous dûmes crier halte-là, en ajoutant :

Ce problème est encore à trouver, absolument comme la quadrature du cercle : *Et nunc erudimini !!*

Ce qui nous valut du reste, cette spirituelle réponse de M. Ch. Laufer, de Lausanne :

« Monsieur,

» Dans votre problème du brochet vous dites
» que la solution restera à trouver comme la
» quadrature du cercle...

» Je viens vous dire que la quadrature du
» cercle a été résolue par M. de Bismarck, le
» seul qui ait réussi à faire entrer des casques
» ronds sur des têtes carrées... etc. »

Mais revenons à nos solutions.

Pour ne pas faillir à une promesse jadis
faite à nos lecteurs passés et pour ne pas abuser de nos lecteurs présents, nous donnerons
seulement ici les principales solutions qui nous
sont arrivées, discutées *secundum artem*, de
tous les points de la France, nous excusant de
ne pouvoir les rappeler toutes, faute d'espace.

Les voici, par ordre de millions :

Ont trouvé comme solution :

Mesdames Toky. . . . . . . 38.339.700 kilogr.
   Rocambô 38.325.000
   C. de Serqueux. 19.184.400

D'autre part :

MM. A. Decaudin.	125.809.480
J. Raynal.	110.499.990
Frisard.	38.421.250
J. M. Chambrin. . . .	38.351.250
J. Ribaud	38.350.447
L. Magnen.	38.351.250
J. Robion	38.346.000
E. Donnet.	38.225.000
A. Girard	23.496.111
E. Dupont, ...	22.545.748
E. Ferrand	21.621.890
Alexis Manceau. . . .	21.263.221
G. Jurin.	21.081.146
S. Merbet	19.789.356
R. Auzénat	19.764.888
R. Fossard	19.175.625
J. B. B.	19.175.625
Jebser.	19.175.449
L. Delburg	19.162.500
Moussard	9.581.250
L. Guichard.	127.020

. . . .

. . . .

. . . .

En dehors de ces solutions, nombre de lettres nous sont parvenues de MM. H. Massard, A. Wernert, A. Titot, E. Cadoré, A. Chiquant, H. Payen, Schirhay, Champmathieu, A. Barrière, Ausset, J. Harel, Ch. Schletser, Févreau, Rorin, etc., etc., grands tireurs de cuillers, pêcheurs de vifs, terreurs des brochets, voire même preneurs de perche qui tous ont dû trouver dans les chapitres précédents une réponse à leurs questions; ceci étant de notre ressort.

Mais comme nous n'osions prendre la responsabilité de résoudre un problème aussi épineux que celui du brochet et que d'un autre côté nous désirions une solution exacte pour mettre d'accord tous les mathématiciens, nous nous sommes adressé à un professeur maître en fait d'x.

Avec une bonne grâce dont nous le remercions encore une fois, M. Georges Mariaud, pour qui les sciences mathématiques et physiques n'ont plus de secrets, a bien voulu nous donner deux solutions du problème : l'une géométrique, par les courbes, l'autre algébrique, c'est-à-dire une solution pratique et une solution théorique.

Solution géométrique.

Supposons que sur une feuille de papier quadrillé on marque au bas de la page les chiffres 0, 1, 2, 3..., etc. jusqu'au dernier jour de la vie du brochet, dernier jour obtenu en multipliant 365 1/4 par 300, le nombre des années — ce qui donne :

$$109{,}575 \text{ jours.}$$

Supposons qu'à partir de chaque point on marque :

A la division 0 — on marque 0

A la division 365 1/4 on prenne une longueur égale à 0, division 2/10

A la division 3— 365 1/4 on prenne une longueur égale à 0, 5

Et ainsi de suite en portant sur les lignes verticales menées par les différents points de division du bas de la page des longueurs représentant le poids de l'animal.

Ainsi à la dernière division, c'est à dire à la trois centième année nous prendrons sur la ligne verticale une longueur égale à 175 divisions.

Donc si maintenant nous venons à relier tous ces points par une courbe de forme parabolique (la parabole est en effet la courbe la plus propre à représenter les phénomènes naturels semblables à celui-ci), on aura une ligne qui nous présentera aux yeux l'existence même du brochet et qui nous permettra de savoir, un âge étant donné, à l'aide d'un instrument de mesure, quel est le poids du brochet.

Ex. : à la division correspondant à la deux centième année, je mesure la distance qu i sépare le bas de la page de la courbe et je lis 165,5.

Ceci fait j'en conclus que le brochet pèse à la 200ᵉ année, 165 kilogrammes 5.

Donc le premier jour de la 200ᵉ année il mange :

2 fois 165 kg. 5 — 231 kg.

Et si je fais le même opération chaque jour en additionnant les poids je trouverai le résultat total.

Ces additions multipliées me donnent :

26.724.319 kilogrammes.

Poids exact du brochet en tenant compte de toutes les indications du problème.

On comprendra du reste plus facilement en se reportant à la courbe ci-contre ; courbe semblable à celles dont on se sert soit pour évaluer les cours d'une valeur, d'une épidémie, etc.

COURBE DU BROCHET

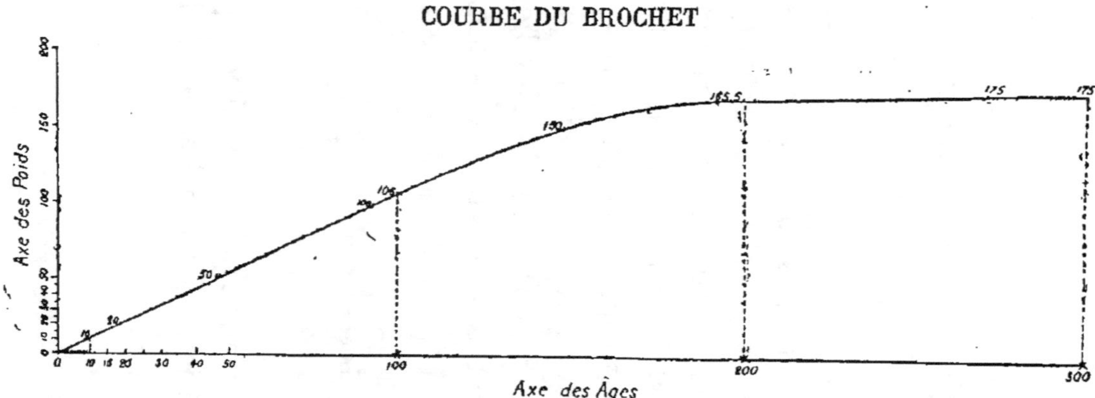

NOTA-BENE. — Sur l'*axe des âges*, on porte des divisions égales représentant chaque jour; ceci fait, étant donné un jour quelconque et connaissant à ce jour le poids du brochet, il suffira d'élever une perpendiculaire sur laquelle on prendra autant de divisions qu'il y a de kilogrammes. En relevant tous ces points, on forme la courbe ci-contre. Par suite, pour trouver le poids d'un jour quelconque non désigné par l'énoncé, on n'aura qu'à élever une perpendiculaire partant de l'axe des âges jusqu'à la courbe. Ainsi, au point 200 (âges), la perpendiculaire élevée touche la courbe des poids en un certain point; si on la mesure, on trouve 165^{k}5 d'après l'échelle de l'*axe des poids*, et ainsi de suite.

Solution algébrique théorique.

Supposons que nous prenions pour axes de coordonnées l'âge et le poids du brochet, en prenant pour abscisses l'âge et pour ordonnées le poids ; pour satisfaire à la dernière condition du problème on peut représenter la relation qui lie l'âge au poids sous forme parabolique, parabole que je prendrai pour plus de simplicité, rapportée à son axe et à la tangente au sommet, son équation sera

En appelant p le poids et a l'âge.

$$(1) \quad p^2 = 2ka$$

k le paramètre déterminé par la condition que, à l'âge de 109,575 jours, le brochet pèse 175 kilos.

On a donc

$$(2) \quad 175 = 2k.109575$$

d'où on tire la valeur de k,

$$(3) \qquad k = \frac{-\dfrac{2}{175}}{2 \times 109575}$$

Ceci posé, il nous suffira d'additionner les différentes ordonnées qui représentent les poids, de multiplier par 2 pour avoir le poids total de poisson mangé — en un mot il faudra faire la somme représentée par

$$2 \sum_{p=0}^{p=175} p$$

Mais d'après l'équation (1) de la parabole, on a

$$p^2 = 2ka$$

ou

$$p = \sqrt{2ka}$$

Donc

$$(4) \qquad 2 \sum_{p=0}^{p=175} p = \sum_{a=0}^{a=109575} \sqrt{2ka} = S$$

En appelant S la somme cherchée, on peut

faire sortir du signe $\sum$ la quantité $\sqrt{2\,k}$ qui est constante, donc

$$S = 2\sqrt{2k} \sum_{a=0}^{a=109575} \sqrt{a}$$

Or, $2\sqrt{2\,k}$, en remplaçant k par sa valeur tirée de l'équation (3)

$$k = \dfrac{\dfrac{-2}{175}}{2 \times 109575}$$

donne ;

$$\sqrt{\dfrac{\dfrac{-2}{2 \times 175}}{2 \times 109575}} = 2 \times \dfrac{175}{\sqrt{109575}} = \dfrac{350}{\sqrt{109575}}$$

On aura donc :

$$S = \dfrac{350}{\sqrt{109575}}\left[\sqrt{1} + \sqrt{2} + \sqrt{3} + \ldots \text{etc} + \ldots + \sqrt{109575}\right]$$

Beau calcul, mais d'une longueur désolante.

C. Q. F. D.

Après toutes ces solutions, après tous ces chiffres, cette science jetée à pleine eau et ces millions tournant en farandole, il nous est bien pénible d'être obligé d'avouer que peut-être, fort probablement même — le brochet de Kaiserslautern n'a jamais existé ; le problème, il est vrai, n'en subsistera pas moins... et résolu.

Le doute m'est venu à la suite de cette lettre fort instructive que M. de Sigward, un confrère, a bien voulu nous adresser à propos de notre fameux brochet.

« ... S'il faut en croire plusieurs traités d'ichthyologie, le squelette du monstre de Mannheim fut examiné avec soin par plusieurs naturalistes peu crédules qui reconnurent que les vertèbres composant ce squelette avaient appartenu à des individus différents, de sorte qu'on aurait pu encore l'allonger sans trop de peine. Ainsi s'explique l'histoire du Léviathan de Kaiserslautern... »

Qu'en dites-vous ?

Ainsi les Allemands ne falsifient pas seulement la bière, ils falsifient, — et depuis les temps les plus reculés, — jusqu'aux squelettes des brochets. — La caque sent toujours le hareng.

CHAPITRE XVII

LE SAUMON

Oncle de la truite, le saumon est un animal peu traitable et montrant pour la ligne un dédain regrettable.

Cependant, amis pêcheurs, il va falloir s'occuper de ce misanthrope incarnat, qui, je l'espère, sera bientôt commun dans toutes les rivières de France.

En effet, M. Jousset de Bellesme, directeur de l'aquarium de la ville de Paris, a, au mois d'avril dernier, remonté la Seine et jeté aux confluents des rivières qui se déversent dans le grand fleuve, vingt mille saumons tout élevés, d'une longueur de 10 à 15 centimètres.

Or, jusqu'à ce jour, les pêcheurs de la Seine

et de ses confluents avaient eu rarement à s'oc-cuper du saumon, car ce poisson surfin se trou-vait peu souvent au bout de leurs lignes ou sous leurs éperviers, non pas que le saumon soit inconnu dans les cours d'eau de notre pays, car s'il manque à la Seine et à la Marne, il est assez abondant et de capture courante dans le Rhône, la Loire, la Moselle, la Meuse, le Doubs, l'Orne, la Somme, l'Allier et la Saône.

Avant l'installation des écluses et des barra-ges, les pêcheurs de la Seine trouvaient encore assez fréquemment un saumon dans leurs ver-veux... Mais aujourd'hui !... par saint Pierre, vingt mille saumons ; M. Jousset de Bellesme vous gâtez nos fils !

Consanguin de dame truite, mons saumon est non moins terriblement armé et non moins vo-race que sa parente.

De même que la truite, il est porté par son instinct à remonter toujours les eaux qu'il par-court. Quelquefois, de cascade en cascade, il va s'échouer au sommet des montagnes, dans les rigoles contenant à peine assez d'eau pour le porter. La truite, mieux avisée, se risque moins follement dans les eaux sans profondeur, et sait retrouver quelque gouffre ignoré.

Le saumon, dont M. de Bellesme a doté la Seine, est d'un bleu ardoisé sur les reins, bleu se fondant avec le blanc argenté du ventre. Ce poisson porte des taches noires et clairsemées sur le dos et les côtés de la tête ; parfois aussi, l'on aperçoit des nuances irisées éclairer son corps ; les nageoires du ventre sont d'un blanc grisâtre, les autres plus foncées.

Les saumons atteignent en moyenne 80 ou 90 centimètres de longueur, ils habitent la mer dans le voisinage de l'embouchure des fleuves ; mais, au commencement du printemps, la femelle remonte le courant, suit les rivières et dépose ses œufs dans une sorte de fosse creusée dans le sable, où le mâle vient ensuite.

Les saumons suivent un certain ordre dans ces migrations périodiques. Une femelle, la plus grosse mère de la troupe, marche en tête, les autres saumones la suivent, marchant deux par deux, puis viennent les pères saumons et enfin la troupe légère des jeunes saumonins. La compagnie franchit dans cet ordre les cascades et les digues, car le saumon peut s'élancer à une hauteur de quatre ou cinq mètres hors de l'eau ; pour exécuter ces sauts, notre poisson se courbe en demi-cercle, appuie sa queue contre une pierre et, redressant son corps avec la force et la vitesse d'un ressort d'acier, il s'élance par-dessus l'obstacle.

La vitesse avec laquelle nage le saumon égale celle d'une locomotive de chemin de fer, car elle atteint quarante kilomètres à l'heure.

Les saumons affectionnent, à l'époque du frai, les petites rivières et les ruisseaux dont l'eau, peu rapide, coule sur un fond sablonneux. Ils reviennent, dit-on, chaque année, déposer leurs œufs au même endroit. On dit aussi que si deux mâles se rencontrent auprès d'une femelle, ils se battent avec acharnement jusqu'à ce que le plus faible ait quitté la place.

Après le frai, les saumons se laissent reporter à la mer par le courant. Les jeunes saumons qui ont pris naissance dans les frayères ne gagnent l'eau salée que lorsqu'ils ont acquis 25 à 30 centimètres de longueur.

A l'âge de cinq ou six ans, le saumon pèse

cinq ou six kilogrammes. Dans les contrées du Nord, il parvient à une grosseur et à une grandeur considérables. En Suède, en Ecosse et dans l'Amérique du Nord on a pêché de ces poissons dépassant 40 kilogrammes.

Le saumon se nourrit d'insectes, de vers et de petits poissons; de même que la truite, il s'élance au-dessus de la surface de l'eau pour happer les mouches aquatiques.

Les saumons fournissent une chair excellente, et comme ils sont très nombreux dans les endroits qu'ils fréquentent et toujours réunis en troupe, leur pêche donne des produits importants. On en fait sécher et saler et certaines villes doivent leur richesse au commerce des saumons...

Il nous faut donc espérer que le saumon reparaîtra dans tous nos cours d'eau où, depuis longtemps, on regrettait son absence. Faut-il chercher la diminution du saumon en France, voire en Europe, dans une pêche trop active, dans le nombre sans cesse croissant des écluses et des constructions sous-marines, dans le mouvement que donne à l'eau la navigation à vapeur, dans l'influence de ce mouvement sur le lit et les herbes des rivières ? Je ne sais ; mais il est certain que le nombre des saumons pêchés surtout dans la Meuse, la Loire et le Rhône était autrefois beaucoup plus considérable qu'aujourd'hui.

C'était bien mieux au temps jadis.

Au moyen âge, le saumon formait la nourriture principale du menu peuple ; à Cologne même, on se vit forcé d'en prescrire la consommation afin d'empêcher son accumulation.

Détail curieux de cette époque : avant d'entrer au service, les valets d'armes du comte de Vianden (sur la Sèvre), et les domestiques ou servantes des pays situés au bords du Rhin, ceux de Bretagne et d'Écosse, avaient ordinairement soin de mettre dans leur condition d'engagement cette clause : qu'il ne pourrait leur être servi du poisson rouge plus de deux fois par semaine. Dix kilogrammes de saumon coûtaient alors deux francs ; comparez aujourd'hui avec les prix de nos marchands de marée.

Et même, en ne remontant qu'au siècle dernier, nous voyons qu'en 1774 la corporation des pêcheurs de Strasbourg décida de vendre la livre de saumon au même prix que celle du bœuf, soit à peine 20 centimes. Rien ne saurait mieux faire comprendre et la profusion d'antan et la pénurie actuelle de saumons dans nos rivières européennes.

Par suite du prix élevé de ce poisson, sa pêche forme une industrie lucrative.

En France, on prend le saumon à la ligne en employant les mêmes procédés que pour la truite mais en décuplant la force de ses instruments : gaule, cordonnet, racine, hameçons, et encore, malgré tout, il faut un joli sang-froid et une adresse de trappeur pour supporter sans faiblir les chocs, soubresauts, en un mot la défense extraordinaire du saumon.

Pour la pêche aux filets, on emploie l'épervier, la senne et les verveux. On tourne du côté d'aval, à l'embouchure de rivières, l'ouverture des verveux, afin d'arrêter les saumons lorsqu'ils montent pour frayer ; de plus, afin d'augmenter le nombre des prises, on ajoute des ailes aux verveux pour diriger les poissons vers l'entrée du filet. Cette pêche est fort [productive.

Les Islandais prennent le saumon au moyen d'une espèce de coffre en treillage serré, ils le pêchent aussi au moyen de barrages en filet qui interceptent tout le cours d'une rivière.

Dans la mer Blanche et la mer Baltique, les riverains se servent de filets flottants où le poisson vient s'emmailler.

Les Russes des environs de Saint-Pétersbourg ont un système aussi simple qu'ingénieux pour capturer le saumon; ils se servent de caisses qu'ils placent au niveau de la partie supérieure d'une cascade que ce poisson a l'habitude de franchir; le saumon saute, tombe dans la caisse, et ne peut plus s'échapper.

Dans quelques pays, on fixe, la nuit, à l'avant d'un bateau, une lanterne ou un brasier, la lueur attire les saumons, que l'on harponne au moyen d'une fouène ou d'un trident; cette pêche se pratique en Laponie et surtout dans l'Amérique du Nord.

La plupart des grands lacs du nouveau continent sont abondamment pourvus de saumons, et mon savant et habile confrère B.-H. Révoil raconte avoir assisté à une pêche dans le lac Hudson où quelques coups de filet ramenèrent nombre de truites, d'anguilles, de perches, de carpes et soixante-sept saumons dont le poids variait de dix à vingt kilos.

Dans ces lacs américains, le saumon se pêche aussi avec le harpon.

Cet engin est formé de trois branches de fer armées de dards triangulaires barbelés ; à l'extrémité de la hampe est fixée une corde d'une centaine de mètres enroulée sur l'avant du bateau et solidement fixée par l'autre bout à un anneau de fer rivé sur le bordage.

Voici du reste le récit d'une pêche de ce genre :

Lorsque nous fûmes parvenus au milieu du lac, le chef des pêcheurs fit allumer une torche et, tout à coup, les lueurs de cet incendie subaquatique se projetèrent au-dessus de la surface liquide, de façon à laisser voir clairement à dix mètres en avant du bateau. Un moment après, nous vîmes un point noir qui se tenait immobile à une toute petite distance de notre embarcation.

— C'est un saumon.

Le harponneur avait aperçu le poisson et, d'une main sûre, brandissant son arme, il lança le harpon, qui pénétra dans les chairs et enserra le saumon de telle sorte, qu'il lui fut impossible de se délivrer.

Au même moment, la corde se déroula avec une rapidité vertigineuse ; puis, avant même qu'elle eût atteint toute sa longueur, elle s'arrêta, le poisson était mort. Le harponneur amena la corde, en ayant soin de l'enrouler au fur et à mesure qu'il la retirait de l'eau. A la fin le poisson apparut à la surface de l'eau, et on l'enleva prestement dans le bateau. C'était un magnifique saumon qui pesait 17 kilos et n'était presque pas endommagé.

Trois fois, coup sur coup, le harponneur renouvela ce terrible jeu et réussit, sans manquer le pauvre saumon qu'il visait avec son arme...

Je me hâte d'ajouter que ce genre de pêche est interdit en France: mais, serait-il permis, la race saumonière n'en serait pas fort touchée ; en effet, sous le rapport de la pêche, le lac Hudson est incontestablement supérieur au lac Daumesnil, et le lac Ontario l'emporte sur le lac d'Enghien.

Vivant, le saumon est un poisson magnifique;

mais combien ne l'ont vu qu'entouré de câpres, figé dans une sauce blanche ou gisant sanguinolent sur le marbre d'une écaillère comme un vulgaire morceau de faux filet.

CHAPITRE XVIII

VANDOISE, BOUVIÈRE ET VÉRON

— Maman, maman, viens donc voir tous ces gentils petits poissons.

Et la maman, le papa, la tante et la bonne se penchent pour regarder se jouer, presque à la surface de l'eau, mille et mille petits poissons gros comme des ficelles ou larges comme des pièces de dix sous.

Là, près des bateaux de blanchisseuses, aux abords des rus, sur les coups bien amorcés nage, saute, vivote une famille de petits cyprins dont les membres principaux sont : la vandoise, la bouvière et le véron.

Nous commencerons par la vandoise, le plus gros des trois.

Quand la vandoise atteint la taille d'une ablette, on peut la considérer comme un phénomène, généralement ce poisson mesure de 3 à 4 centimètres.

La vandoise est assez finement colorée ; son dos est d'un joli brun jaunâtre pointillé et son ventre argenté ; la rapidité de sa nage lui a fait aussi donner le nom de *dard*, cette rapidité extraordinaire permet à la vandoise d'échapper aux attaques de la perche et du brochet, par suite de se multiplier prodigieusement.

La vandoise se pêche comme l'ablette, le gardon ou le chevenne, soit avec des vers rouges, de l'épine-vinette ou à la mouche à soutenir. Seulement, comme le corps de la vandoise ne comprend que la peau et les arêtes, il est immangeable ; aussi je ne crois pas que beaucoup d'amateurs se préparent spécialement pour attaquer la vandoise.

Cependant, les vandoises, prises à l'échiquier ou à l'épervier, c'est-à-dire sans blessures et bien vives, forment un excellent appât pour le vif, la perche surtout.

La bouvière ne vaut pas grand'chose, si peu même, que les pêcheurs des environs de Paris lui ont donné le sobriquet peu galant de *pêteuse*.

Si ce poisson avait la vie dure, ce serait l'un des plus agréables à voir tourner dans un bocal; ronde et reluisante comme une pièce de deux sous neuve, la bouvière porte sur sa petite personne les couleurs de l'arc-en-ciel.

Le jaune, le vert, l'orange, le rouge, le bleu, e noir et le blanc se fondent en ses écailles : c'est un prisme irisé qui se joue sous les eaux claires. Quand vous pêchez à l'ablette, vous prenez de temps à autre une bouvière à votre hameçon.

Généralement, les pêcheurs rejettent ce minuscule cyprin dont le corps, plein d'arêtes, ne saurait figurer dans une friture ; peut-être sa chair serait-elle bonne, mais la friture ne lui laisse que les arêtes et on croirait manger un petit paquet d'épingles.

Plus encore que la vandoise, la bouvière est un excellent appât pour la perche et si vous promenez le long des berges une bouvière, accrochée à votre ligne, comptez qu'une perche sautera rapidement dessus.

Quand un pêcheur a levé une bremotte toute

petite; un goujon imperceptible, un gardon à peine sorti de l'œuf, il jette sa prise, en haussant les épaules, dans sa boutique; ce que voyant, le voisin narquois se hâte de lui demander :

— Vous avez pris quelque chose ?

— Heu ! heu !... une bremotte,

— Une belle pièce ?

— Ah ouiche... grosse comme un *véron* ! On dit sur toutes les rivières de France « gros comme un véron » pour désigner un poisson exigu, absolument comme on dit « plat comme une limande » et « mince comme une baleine ».

Le véron est donc, de par la sagesse des nations, reconnu et admis comme le Tom-Pouce des eaux.

Le véron a quelques traits de ressemblance avec le goujon ; son corps est d'un jaune doré comme celui de ce dernier et d'un aspect à peu près semblable.

Le véron est cependant de mise plus coquette, sa fine tête est noire, son dos porte non des points, comme le goujon, mais des bandelettes transversales bleues et zébrées de raies où se mêlent le rouge, le bleu et le jaune.

Mais le véron est si petit, que toute cette variété de couleurs se fond en un ton uniforme vert-noir aux reflets argentés. Le véron se trouve dans toutes les rivières, par milliers et milliers, sa taille ordinaire est de cinq ou six centimètres ; sa grosseur, celle d'une plume d'oie ; cependant, les vieux vérons peuvent atteindre sept à huit centimètres et un tour de taille qui les rapproche des jeunes goujons.

Le véron se trouve partout, saute sur toutes les amorces et se prend assez facilement.

Il ne fait jamais l'objet d'une pêche spéciale, mais en pêchant l'ablette ou le goujon, vous attraperez certainement des vérons.

Gardez-vous de rejeter cette proie minime ; bien différent de la bouvière et de la vandoise, le véron est excellent dans une friture et, sans avoir le fumet du goujon, est cependant bien supérieur à l'ablette.

Nous ne sommes pas les seuls, du reste, à apprécier la chair délicate du véron, c'est une amorce fort recherchée des truites, des perches et des anguilles.

12

CHAPITRE XIX

L'ÉPINOCHE ET LE CHABOT

L'Épinoche.

« Rien de ce qui a été créé n'est inutile » ;
c'est une phrase que j'ai entendue bien souve nt
et cependant il y a certains animaux don t je n'ai
jamais pu deviner l'utilité : les vipères, les h an-
netons, les fourmis, les punaises, les moust i-
ques et l'épinoche.

L'épinoche est un joli poisson, vif, agréabl e
à l'œil ; son corps allongé est habillé d'un beau
vert bouteille, son ventre est rosé et son pe tit
museau pointu lui donne un air gamin de
Paris.

Ne vous y fiez pas, l'épinoche est une sorte

de hérisson aquatique ; son dos est planté de dards qui se relèvent dangereux ou s'abaissent hypocrites selon la volonté de ce mauvais petit bougre.

C'est ainsi que, malgré sa taille minuscule, l'épinoche passe tranquille et sans péril au milieu des carnassiers du monde des eaux.

Grâce à ses dards meurtriers, elle se moque de la rage meurtrière du brochet et s'écarte à peine devant les poursuites de la perche. Et, en effet, si un brochet ou une perche a le malheur de s'attaquer à l'épinoche, celle-ci, se sentant happée, redresse ses piquants qui, s'enfonçant dans la bouche de l'assassin, le forcent à mourir de faim, parce qu'il ne peut plus ni avaler ni rejeter sa proie.

L'on assure de plus que quand même des pêcheurs, prenant une perche ou un brochet ayant une épinoche dans la bouche, ce qui est arrivé quelquefois, les débarrasseraient et les remettraient à l'eau, ces carnassiers ne pourraient plus, malgré cela, fermer la bouche par suite de la blessure que leur aurait faite ce petit poisson. Ils deviennent alors, — juste retour des choses d'ici-bas, — la proie des grosses anguilles, des canards, des hérons, voire d'un parent affamé et sans scrupule.

Un fait cependant qui démontre la supériorité intellectuelle du brochet sur la perche, c'est que cette dernière, jeune ou vieille, sautant sur tout ce qui passe à sa portée, avale sans souci l'épinoche et en meurt; le jeune brochet commet aussi la même faute, mais jamais un vieux brochet ne touchera une épinoche, même du bout des dents. Ce n'est pas l'instinct ni l'expérience, c'est le seul raisonnement qui peut conduire ce requin à respecter le petit poisson.

> Qu'on m'aille soutenir, après un tel récit,
> Que les bêtes n'ont point d'esprit !...

Grâce à cette quiétude, l'épinoche se multiplie prodigieusement et devient le fléau des cours d'eau, car ce petit être méchant et vorace est la terreur des jeunes poissons à peine sortis de l'œuf.

Tout est prétexte à disputes pour les épinoches qui sans cesse se livrent entre elles des combats terribles.

> Deux coqs vivaient en paix : une poule survint
> Et voilà la guerre allumée.

Jamais deux épinoches mâles ne sauraient vivre en paix, à plus forte raison si une dame épinoche est en litige ; alors le combat devient mortel et souvent le vainqueur ne vaut guère mieux que le vaincu.

Seul, je crois, de tous les poissons, l'épinoche fait un nid, couve ses œufs, élève et protège sa progéniture.

Son nid fait de brins d'herbes, de petites racines, de pierres et de mousse, est la plus curieuse chose du monde ; ajoutons que c'est le mâle qui couve les œufs et s'occupe de sa jeune famille ; la femelle court la pretentaine.

On ne pêche pas l'épinoche ; sa chair ne vaut rien et ne saurait servir d'appât ; s'il en vient une à votre ligne ou dans votre filet, le mieux est de la rejeter à l'eau.

Cependant, s'il faut en croire un poète, Ernest d'Hervilly, — mais les poètes sont de mauvais pêcheurs malgré leur connaissance approfondie des vers, — l'épinoche se laisserait prendre aux lignes innocentes des amoureux :

> Une épingle courbée, un fil, voilà nos lignes,
> Le poisson se moquait parfaitement de nous,

12

> Et cependant un jour, à nous pêcheurs indignes,
> Une épinoche vint qui valait bien deux sous!

Deux sous ! voilà l'exagération des amants des Muses. Cependant il faut être juste : certaines personnes ont pu conserver des épinoches dans un bocal et s'amuser de leurs ébats et de leurs combats. Incontestablement, sous ces rapports, l'épinoche est supérieure au poisson rouge.

Le Chabot

Le chabot ou têtard est un des poissons les plus curieux de nos rivières ; sa grosse tête écrasée et comme diabolique, son corps finissant en pointe, ses yeux à fleur de tête, ses larges ouïes armées de piquants, lui donnent un aspect peu enchanteur.

Comme s'il avait conscience de sa laideur, le chabot ou têtard, ne sort pas au grand jour, et vit confiné sous les pierres des cours d'eau où il habite.

C'est la joie des gamins en quête d'écrevisses de trouver un têtard sous une pierre et de le pincer dans sa retraite.

Mais il faut être adroit, car le têtard est rusé et nage avec nne extrême rapidité.

Par hasard, quand vous pêchez au goujon, vous prenez un têtard, un curieux qui, sortant la tête de son trou, aura vu passer le ver rouge, et aura profité de l'occasion, — la gourmandise est toujours punie !

Mais le têtard se prend surtout à la main, les raffinés le pêchent avec une fourchette ou avec une trouble, c'est plus sûr mais moins amusant.

La chair du chabot est bonne à manger, seulement son aspect effraye souvent la cuisinière qui n'ose le mêler aux goujons.

Le têtard est certes l'un des meilleurs appâts pour les lignes au vif et le meilleur certainement pour amorcer les traînées à anguille ; il offre de plus cet avantage d'avoir la vie très dure et de subsister longtemps dans une boutique.

CHAPITRE XX

LA LOTTE ET LA LOCHE

Ces deux poissons dont le nom, sans être semblable, offre du moins une sorte de consonance, sont souvent confondus dans l'esprit des jeunes pêcheurs, et cependant la lotte et la loche sont d'espèces absolument différentes.

La lotte est un poisson dont le corps allongé, rond, a des apparences serpentiformes, c'est évidemment une cousine de l'anguille ; les écailles sont petites et couvertes d'une matière visqueuse ; les reins, luisants comme ceux de l'anguille, sont couleur terreuse et tachetés de noir et de roux, le ventre est d'un blanc gris.

La lotte aime les eaux courantes et les endroits rocailleux ; la petite lotte se tient le plus souvent sous les pierres, guettant les vers et les minuscules habitants des eaux qui passent à portée de ses mâchoires.

La grosse lotte, celle qui atteint 60 et 70 cenmètres, se creuse des trous dans les berges d'où elle ne sort guère que la nuit pour chercher sa nourriture ; toutefois, dans le jour, la lotte met souvent le nez à sa fenêtre et happe sans vergogne les poissons imprudents qui se promenent aux environs de son terrier.

C'est ainsi, du reste, que, parfois, l'on prend des lottes à la ligne, en pêchant le goujon ou la brême.

Le ver rouge passe, en frétillant, au-dessus des barbillons dont la mâchoire de la lotte est garnie ; la lotte s'indigne, avale l'infortuné et se prend à l'hameçon, sans secousse ; la flotte ne remue pas, elle s'arrête comme accrochée à une pierre.

La lotte se prend comme l'anguille, dont elle a les habitudes, avec des traînées ou lignes de fond, mais bien entendu on ne tend pas spécialement des lignes pour la lotte, sa capture est une sorte de raccroc ; la lotte se prend aussi, et le plus souvent, dans les nasses et verveux tendus en aval des barrages et des enrochements.

Les fleuves aux eaux vives et pierreuses, comme la Seine, nourrissent beaucoup de lottes, les rivières profondes et vaseuses comme la Marne en ont peu ; et cependant la seule lotte que j'aie vu prendre à la ligne, et une belle pièce, je vous assure, longue de cinquante centimètres, a été levée sous mes yeux dans la Marne, près de Nogent, par mon confrère Robert Kemp, un pêcheur émérite, aussi étonné de trouver à son hameçon ce poisson rarissime, qu'Antoine, le conquérant de l'Egypte, devait l'être quand il retirait de sa ligne les harengs fumés que Cléopâtre y faisait attacher par des plongeurs.

On m'écrit avoir vu, aux Halles, une lotte pesant vingt livres ; peut-être ? mais je commence à me méfier terriblement des poissons extraordinaires et officiels, et ce, surtout depuis l'histoire de ce brochet allemand, le monstre à rallonges de Kairserslautern :

. . . . Honteux et confus,
J'ai juré, mais trop tard, qu'on ne m'y prendrait plus

C'est pourquoi sans nous attarder à ce monstre douteux qui nous conduirait peut-être encore de l'autre côté du Rhin, nous passerons à l'étude de *La Loche*.

La loche est un tout petit poisson dont la taille dépasse rarement 6 à 8 centimètres ; son dos est brun, marbré de gris et de blanc, et sa chair passe avec raison pour exquise ; certains gastronomes la mettent au-dessus de la chair de tous les poissons connus.

La loche vit dans les cours d'eau rapides à fonds de sable et de pierre où elle se cache pour saisir les insectes qui passent à sa portée ; c'est ainsi que, très rarement, un pêcheur de goujons pourra tirer une loche affamée.

Il y a plusieurs sortes de loches ; celle que nous avons présentée ici est la loche de rivière. Il faut aussi parler de la loche d'étang, plus grosse que sa congénère, mais dont la chair ne vaut pas grand'chose.

La loche se prend dans les verveux et peut servir d'appât pour la pêche au vif ; c'est un excellent appoint dans une friture.

En somme, la loche est une sorte d'éperlan et s'apprête de même ; un congrés de diplomates se gaudirait d'une brochette de loches.

Quant à la lotte, qui tient de l'anguille et de la lamproie et dont le foie passe pour un régal divin, elle est, pour les fins cuisiniers, l'objet de préparatifs compliqués.

Pour ma part, je vous conseillerai simplement de faire cuire les lottes au vin blanc, avec oignons, persil, poivre, beurre et girofle ; mais aux délicats, je livrerai cette recette des « lottes à la Villeroi », que j'emprunte à Alexandre Dumas, qui, on le sait, s'entendait aussi bien en l'art d'écrire qu'en l'art de cuisiner :

— Limonez des lottes et videz-les sans ôter les foies, foncez une casserole de tranches de veau et de jambon, et faites-les suer trente minutes. A moitié cuites, mettez-y vos lottes, couvrez-les de bardes de lard et arrosez-les de champagne, avec sel, poivre, persil, ciboules, champignons, gousse d'ail, citron, laurier, beurre ; faites cuire à petit feu. Vous trempez les lottes dans leur sauce, les passez et leur faites prendre couleur au four ; passez ensuite la sauce au tamis, dégraissez-la, mettez-y une cuillerée de coulis, faites-la réduire, dressez les lottes dans un plat et servez !...

Votre palais, votre estomac, ne battent-ils point la chamade en lisant une recette pareille ?

Non… je ne suis pas un pique-assiette, non… mais si l'on m'invitait sans façon à coopérer au pillage d'un plat de ce genre… ma foi je ferais taire mes scrupules et j'aurais bientôt une lotte de plus sur le cœur.

Il est juste d'ajouter que ce Villeroi, dit le charmant, maréchal de France, ne sut jamais que danser, babiller, cavalcader et cuisiner ; courtisan parfait de Louis XIV, mais général déplorable… sauf contre les lottes.

Ce fut en cuisinant et en faisant chère lie, qu'il se fit surprendre en 1701 dans Crémone, par le prince Eugène ; notre maréchal-cuisinier, doublement cordon bleu, fut emmené prisonnier, et l'armée, puis la France entière, lui chantèrent ce quatrain ironique :

Palsembleu ! la nouvelle est bonne,
Et notre bonheur sans égal :
Nous avons conservé Crémone
Et perdu notre général…

CHAPITRE XXI

LES OMBRES. — LE FÉRA ET LE LAVARET. —
LA GRAVENCHE ET LE CORÉGONE. — L'ÉPER-
LAN.

Les Ombres.

Il se trouve en nos rivières deux sortes d'*ombres*, toutes deux fort rares et toutes deux fort
goûtées, ce sont :

1° L'ombre-chevalier, qui est un proche parent du saumon.

2° L'ombre des rivières qui semble avoir des
airs de famille avec la truite.

Le nom de « ombre » a été donné à cette espèce à cause de la vivacité de ses mouvements
et de la rapidité de sa nage, car l'ombre se

laisse à peine apercevoir sous les eaux claires des rivières.

... Elle a fui comme une ombre !

est une comparaison prise au monde des pêcheurs par le monde lyrique ; seulement les musiciens exagèrent, l'ombre ne possède pas, comme le phoque, le don des langues et n'a jamais pu dire en fuyant, au pêcheur exaspéré : « *Je reviendrai !* » L'ombre est d'un naturel taciturne et anti-mélodique.

L'ombre-chevalier est un poisson qui ne remonte jamais le cours des rivières, il se tient dans les grands lacs, surtout en Suisse, et il vit à de grandes profondeurs. Cependant, on le prend accidentellement dans le Rhône, surtout à l'époque du frai.

Sa tête est courte et bombée, son œil grand, sa bouche large et garnie de dents pointues et recourbées en dedans.

Son corps est d'un gris vert à reflets bleuâtres, le ventre est argenté, les nageoires sont grises, sauf les pectorales qui ont une belle teinte jaune parfois pointillée de bleu.

La chair de l'ombre-chevalier est exquise, et un poisson de ce genre, pesant cinq ou six kilogrammes, ce qui est le poids maximum, est une pièce fort appréciée.

L'ombre-chevalier a les mêmes goûts et les mêmes habitudes que la truite et le saumon ; on le pêche donc comme ces deux salmonidés.

L'introduction de l'ombre-chevalier dans nos rivières, malgré plusieurs essais, n'a pas encore réussi.

Mais si nous n'avons pas l'ombre-chevalier, ne nous plaignons pas, car nous possédons l'ombre des rivières, qui est un joli poisson aux formes gracieuses, aux couleurs brillantes, que l'on pêche dans la plupart des rivières d'Europe. L'ombre aime les fond rocailleux, les grands courants coupés d'haïs tranquilles, c'est pourquoi on le trouve en France dans la Meurthe, la Mosèlle, c'est-à-dire dans les cours d'eau de l'Est, puis encore dans les rivières de l'Ain, de l'Auvergne et dans le Rhône.

Nos rivières et les fleuves du Midi ne le connaissent même pas de vue, car il est fort rare sur les marchés.

L'ombre atteint une livre à une livre et demie

en général, et sa taille est proportionnée à son poids. Très vif, très gracieux, l'ombre est fort coquettement paré.

Son dos offre un beau vert foncé mêlé de jaune, ses flancs sont comme dorés, la gorge et le ventre sont argentés ; une large bande bleuâtre s'étendant de la pectorale à l'anale, ajoute encore au brillant de la parure.

Du reste, ces nuances donnent au poisson, lorsqu'il se meut sous l'eau, un éclat métallique d'un bleu violacé, on dirait une lame de Damas coupant les vagues.

L'un des noms scientifiques de l'ombre est celui de *tymallus*, donné à ce poisson à cause d'une particularité fort curieuse.

Quand vous aurez levé un ombre, prenez-le dans votre main, et vous vous apercevrez, non sans surprise, que ce poisson répand une forte odeur de thym au moment où on le sort de l'eau.

L'oumbré, comme disent les pêcheurs d'Auvergne, mord comme la truite et se prend surtout à la volée.

Le Féra et le Lavaret.

Je dirai en passant un mot du féra si commun dans le lac de Genève et auquel les restaurants bordant les lacs suisses doivent une partie de leur clientèle cosmopolite.

Dans ces grands restaurants lorsque vous demandez un féra pour déjeuner, le maître d'hôtel vous apporte le poisson vivant sur un plateau d'argent et vous voyez le poisson, qui, avant d'expirer, revet successivement toutes les couleurs de l'arc-en-ciel.

C'est un luxe visuel renouvelé des Romains.

Quoi qu'il en soit, le féra se trouve dans plusieurs lacs de l'Europe, mais principalement dans le lac de Genève, jamais il ne remonte le cours des rivières.

Sa chair est exquise et comme parfumée; le féra ressemble quelque peu au maquereau comme teinte et comme taille.

De même, le *lavaret* est une sorte de féra

qui se trouve surtout dans le lac du Bourget, en Savoie ; les habitants du pays le pêchent comme la truite et tiennent sa chair en haute estime ; le lavaret n'habite que les grandes profondeurs.

La Gravenche et le Corégone.

Mais chaque grand lac possède aussi quelque poisson qui lui est particulier, comme encore la *gravenche* du lac Léman, le *corégone* du lac Lochlomond, en Écosse ; mais il est hors de notre cadre de nous occuper de ces poissons qui ne se pêchent pas en France, quoique, à vrai dire, certains pêcheurs affirment avoir pris des corégones dans le Rhin et la Meuse.

Le corégone est, du reste, très facile à reconnaître : son corps est allongé, plat vers la queue, et le museau possède une forme toute spéciale : il se prolonge, en effet, en une sorte de rostre effilé, et la bouche se trouve, par suite, reportée en dessous.

Le corégone est un manger délicat.

L'Éperlan.

Nous sommes aux poissons odorants ; nous avons précédemment décrit l'ombre, répandant une odeur de thym ; voici maintenant l'éperlan, dont la senteur de violette est universellement connue et non moins appréciée.

La plupart du temps, l'éperlan habite l'Océan, la Manche et la mer du Nord : mais comme, à certaines époques, il s'engage dans nos fleuves et vient se faire prendre par grandes quantités dans la Seine, la Loire, la Somme, l'Orne, la Gironde, voire la Marne, le Loiret, etc., l'éperlan nous appartient quelque peu.

Du reste, la chair de l'éperlan n'atteint son *summum* de délicatesse que si le poisson a été pris après un séjour de plusieurs mois dans l'eau douce.

Tête folle, l'éperlan mord parfois à la ligne ; surtout si vous pouvez amorcer avec des vers de vase ou de roche ; ainsi faite, la pêche de l'éperlan est un des divertissements les plus appréciés des étrangers à Biarritz ; mais ce poisson se prend surtout avec des sennes, des nasses, des guideaux et des carrelets.

On connaît le corps fusiforme de l'éperlan, d'un vert pâle tacheté de noir ; on connaît sa chair transparente et ferme.

L'éperlan aime la compagnie : vivant, il se promène en bandes considérables ; mort, il se présente encore entouré de confrères, sous forme de brochette.

CHAPITRE XXII

L'ALOSE ET LA LAMPROIE — LE BAR ET L'ESTURGEON

L'Alose et la Lamproie.

J'ai dit que l'ombre était un poisson anti-mélodique. Ne voulant pas laisser la race aquatique sous cet anathème, je me hâte de présenter un poisson mélomane : l'alose.

S'il est vrai que, lorsqu'elle fraye, l'alose fait un bruit qui s'entend fort loin; de même, les pêcheurs spéciaux affirment que dame alose a peur du tonnerre, mais adore la musique et les doux accords; aussi, dans certaines rivières, ceux qui ne savent pas jouer de la lyre comme Amphion, attachent-ils à leurs filets des arcs de bois garnis de clochettes et de grelots, moyen sûr d'attirer les bandes alosiennes.

Les aloses, on le sait, quittent la mer à l'époque du frai, pour remonter nos fleuves et rivières, et, par suite, se rencontrent en bandes considérables dans la Seine, le Rhône, la Saône, la Garonne, et surtout dans la Loire, près de Roanne et de Saint-Etienne. Chose curieuse, l'alose, très appréciée par les riverains de la Seine et de la Loire, est dédaignée par les pêcheurs du Rhône et de la Saône, qui vendent ce poisson à vil prix.

L'alose n'est bonne qu'après un certain séjour dans l'eau douce. Ce poisson se prend au moyen de nasses, de troubles, de tramails et de grands filets traîneurs dits *alosières*. Il ne mord point à la ligne; par suite, nous n'insisterons pas sur son compte.

Comme l'alose, la lamproie est un poisson que la mer nous envoie et qui se trouve en grande quantité dans la Seine, la Loire, le Rhône et la Garonne.

Jadis, la lamproie était le poisson par excellence et se payait au poids de l'or; nos pères, assez heureux pour posséder une lamproie, la faisaient mourir en la noyant dans du lait ou du vin de Chypre. C'était, dans le genre poisson, ce qu'était le paon dans le genre volatile : le mets réservé aux puissants de la terre et aux riches argentiers.

Semblable à l'anguille, ce poisson-serpent se pêche de même ; cependant, il ne mord pas à la ligne.

Sa chair blanche et grasse, méprisée dans le centre de la France, est fort goûtée dans le Midi, surtout à Bordeaux et dans les environs.

Le Bar.

Je dirai un mot du bar en passant : c'est un fort joli poisson auquel sa voracité a fait donner le surnom de loup.

Comme le saumon, le bar remonte les fleuves et rivières des côtes pour frayer.

Le bar se prend à la ligne, mais surtout à la

ligne de fond; il faut amorcer des hameçons solides avec de gros vers.

L'Esturgeon.

L'esturgeon est un poisson beaucoup plus
commun dans le nord de l'Europe qu'en France;
cependant, il est loin d'être inconnu dans notre
pays, et les pêcheurs de la Garonne, de la Seine,
de la Loire et surtout du Rhône ont, à maintes
reprises, capturé des esturgeons.

Tous les Parisiens ont admiré, à la vitrine
des restaurants, d'immenses esturgeons dont le
corps bizarre arrêtait la foule et amenait la
clientèle; du reste, la forme de ce poisson est
bien faite pour attirer l'attention ; à partir de
sa grosse tête pointue, le corps de l'esturgeon
s'allonge en diminuant graduellement de largeur jusqu'à la nageoire caudale, de plus il est
couvert de cinq rangées longitudinales de pla-
ques dont le centre est occupé par une épine
dirigée en arrière.

L'esturgeon est le géant des fleuves ; sa taille atteint parfois huit et dix mètres et son poids plusieurs centaines de livres.

L'histoire fait mention de deux gros esturgeons qui furent pêchés à Paris, en 1782, et présentés au roi, à Versailles, et d'un autre esturgeon pris à Neuilly en 1800, et qui, sous l'empire, prenait ses ébats dans les bassins de la Malmaison.

Du reste, sous ce rapport, la Loire n'a rien à envier à la Seine, car, lors du séjour de François Ier à Montargis, les pêcheurs de la Loire eurent la chance de prendre et de pouvoir offrir au roi un esturgeon long de six mètres.

Mais la vraie patrie de l'esturgeon est la Russie. Tant en chair qu'en caviar, ce poisson donne aux pêcheries moscovites un roulement d'affaires de plusieurs millions.

On le pêche en hiver et au printemps.

La pêche d'hiver, nous apprend Victor Meunier, a lieu en janvier et se fait avec un grand cérémonial. Le jour en est fixé en assemblée publique, des lettres de convocation sont adressées ; on se réunit avant le jour sur la place, on nomme un chef qui passe en revue les pêcheurs, ainsi que leur armement, composé de crochets d'acier fixés à de longues perches. Au lever du soleil, deux coups de canon donnent le signal de la marche ; les traîneaux partent au galop : c'est à qui, arrivé le premier sur les rives du fleuve, pourra choisir la meilleure place.

Une décharge de mousqueterie annonce le commencement de la pêche. De toutes parts, on brise la glace à l'aide de pioches et de bêches ; chaque pêcheur descend son harpon dans le trou qu'il a ouvert, tâtonne, retire l'arme dès qu'elle a saisi quelque chose de lourd, et, s'aidant d'autres crochets plus petits, amène l'esturgeon sur la glace. Un homme exercé peut en prendre huit ou dix dans sa journée, soit plusieurs milliers de livres de poisson !

Pêcheurs séquanais... veillez !!!

XXIII

LES HUITRES

Quoique les huîtres ne soient pas gibier de pêcheur, il nous est difficile en parlant poisson de pas ne consacrer quelques lignes à ces crustacés dont la consommation est prodigieuse dans toute la France.

Cancales, marennes, amoricaines, portugaises etc., etc., se débitent chaque jour par milliers; or, étudier une espèce, c'est les étudier toutes. Nous choisirons donc les » cancales », qui nous paraissent plus chères au palais français.

L'huître de la baie de Cancale est la préférée dans le commerce, tant à cause de son abondance que par sa proximité des côtes de la Manche et sa grosseur moyenne, qui facilite le transport. Des bâteaux non pontés, de 10 à 12 tonneaux, de Granville, de Cancale et d'autres petits ports du voisinage, s'occupent presque exclusivement de la pêche ; mais le transport dans les villes du littoral se fait par d'autres bâtiments qui portent des huîtres de Saint-Waast, de Courseulles et de Bernières. Ces bateaux portent chacun, l'un dans l'autre, 200 milliers d'huîtres. La plus grande partie de ces huîtres sont parquées à Saint-Waast, point qui sert, en quelque sorte, d'entrepôt pour les autres parcages.

L'huître de la baie de Cancale, prise souvent sur un fond vaseux, est généralement d'un goût peu agréable ; il semble que ce coquillage ne soit pas fait pour servir d'aliments dans l'endroit même où il se trouve : l'huître ne perd son âcreté et ne devient réellement d'un goût agréable que lorsqu'elle a passé quelque temps dans un parc.

Un parc est un réservoir d'eau salée de quatre à cinq pieds de profondeur, qui communique avec la mer au moyen d'un canal. Afin que l'eau s'y maintienne limpide, on prend soin d'en garnir le fond d'une couche de petits cailloux.

Le parc doit avoir une inclinaison vers la mer, qui l'alimente d'eau.

Les huîtres y sont placées à une profondeur suffisante pour ne pas y être exposés au contact de l'air, sans toutefois être trop voisines de la mer ; on profite de la saison des chaleurs, époque où l'on abandonne la pêche des huîtres, pour nettoyer les parcs et renouveler les couches de pierre.

Il y a sur les côtes de la Manche un assez grand nombre de parcs. Les principaux sont ceux de Marennes, de Courseulles, de Bernières, du Havre, de Fécamp, de Dieppe et du Tréport.

Celui qu'on établit, en 1783, à Étretat, était un des plus fameux : il a été abandonné depuis. Le Havre en possédait aussi un qui avait une réputation assez étendue, mais les travaux maritimes ont motivé sa destruction.

Toutes les rives de la côte ne sont pas également favorables à l'établissement des parcs : ainsi Cancale et Granville, qui sont les points où cette pêche se pratique le plus activement, ne peuvent point établir de parc régulier, à cause de l'action continuelle des vents sur leurs plages.

L'huître, ce mollusque si aimé de nos jours, ne l'était pas moins des anciens : Macrobe assure qu'on en servait aux pontifes romains dans leurs repas. Celles de l'Hellespont, de l'Adriatique, du détroit de Cumes, du lac Lucrin, étaient très vantées, et Horace a célébré dans ses *Odes* les huîtres de Circé.

Mais revenons à Paris.

Avant 1711, le droit de vendre des huîtres était affermé par année, à raison de 20,000 livres en temps de guerre et de 25,000 livres en temps de paix. Mais à cette époque le droit fut supprimé ; la vente des huîtres fut, dès lors, confiée à des factrices commissionnées par le lieutenant de police.

Nous n'avons des chiffres certains de la vente des huîtres à Paris qu'à partir de l'an XIII, époque à laquelle les arrivages commencèrent à se développer ; en cette année, 29,800 paniers, contenant 171,648 centaines d'huîtres, furent amenés à la Halle.

En 1817, la vente porte sur une valeur brute de 618,505 francs, et l'année 1826 voit s'élever à 923,026 francs le montant des ventes.

Les statistiques, par quantité et par espèce,

des huîtres consommées annuellement à Paris, ont été soigneusement faites par M. Husson, de 1811 à 1873.

Nous pouvons citer quelques chiffres.

Paris a mangé, en kilogrammes :

De 1811 à 1815.	1,752,998 kilos d'huîtres par an.		
De 1826 à 1830.	4,552,363	—	—
De 1836 à 1840.	5,093,473	—	—
De 1851 à 1855.	6,464,863	—	—
De 1866 à 1869.	2,559,005	—	—
De 1872 à 1873.	1,674,913	—	—

Nos pères, on le voit, mangeaient plus de cancales que nous ; mais, de leur temps, les huîtres n'atteignaient pas les hauts prix d'aujourd'hui.

Les huîtres sont généralement cotées, à Paris, au début de chaque saison :

Le pied de cheval valait, l'an dernier, 18 fr. 50 la bourriche de 100 ; la courseulles, 13 fr. 60 ; la cancale, 13 francs ; les portugaises, dont la consommation augmente tous le jours, de 3 à 5 francs.

Paris avale pour 3 millions de francs d'huîtres, année moyenne.

*
* *

On sait qu'il existe aux Halles centrales un marché pour la vente en gros des huîtres ; malgré cela, presque tout le commerce des huîtres se fait par commissionnaires dont la plupart ont leurs magasins et leurs comptoir près de la rue Mandar, là même où avait lieu autrefois, en pleine rue, la vente en gros des huîtres avant la construction des Halles.

Les apports d'huîtres à Paris ont été, l'an dernier :

1° De 204,230 kilogrammes pour les huîtres à coquilles lourdes et les Marennes ;

2° De 2,001,102 kilogrammes d'huîtres à coquilles légères ;

3° De 6,886 kilogrammes d'huîtres marinées ;

4° De 3,041,684 kilogrammes d'huîtres portugaises ;

5° De 16,244 kilogrammes d'huîtres d'Ostende.

Soit, en tout, 5,270,546 kilogrammes d'huîtres de provenances diverses, chiffre notablement inférieur à celui de l'année précédente.

Les quantités saisies aux Halles ont été de 100 pièces ; mais, nous le répétons, presque tout le commerce des huîtres se fait en dehors des Halles, et il paraît que, presque chaque jour, des industriels, connus sous le nom de *croque-morts*, achètent à vil prix aux commissionnaires les huîtres avariées, auxquelles il font prendre un bain d'eau salée, pour les revendre comme fraîches dans les quartiers excentriques.

D'autre part, les Américains sont parvenus à composer des huîtres artificielles qui trompent les plus fins amateurs.

Cependant, en règle générale, les huîtres de Basse-Normandie, qui viennent à Paris, par arrivages considérables, sont excellentes et forment un manger délicieux.

Le plus souvent l'huître s'avale crue et vivante ; quelques dégustateurs expriment le jus d'un citron, et les gourmets adjoignent une bouteille de Chablis.

Personnellement parlant, je n'aime point les huîtres et le citron me laisse froid ; mais le chablis, le soir, au coin du feu, gentiment servi sur une toute petite table, accompagne à merveille un perdreau rôti du matin.

Les fins connaisseurs racontent que rien ne vaut le spectacle d'une jolie femme attaquant sa première douzaine d'huîtres et trempant ses lèvres dans son premier verre de chablis.

Je ne suis pas connaisseur ; mais mon ami le colonel Au..., un expert, m'affirme que la dernière douzaine et le dernier verre sont un spectacle plus gracieux encore.

CHAPITRE XXIV

GRENOUILLES ET ÉCREVISSES

La Grenouille.

Les Anglais, avec cette urbanité exquise formant le fond de leur caractère, appellent les Français : « mangeurs de grenouilles, » et affirment que la grenouille est la nourriture exclusive de la population française.

Certes oui, nous mangeons des grenouilles, beaucoup moins que les Belges et les Allemands, par exemple, et ces intéressants quadrupèdes jadis « lassés de l'état démocratique » doivent être fatigués aujourd'hui de l'état culinaire.

Les gourmands de nos départements du nord

aiment assez la chair de ce batracien et mangent le corps et les pattes ; à Paris, les brochettes de grenouilles que l'on vend aux Halles ne se composent que des pattes de derrière, lesquelles forment un manger délicat, soit frites, à la poulette, en omelette ou sautées à la maître d'hôtel. C'est un mets que la Faculté recommande aux malades.

Les grenouilles se chassent ou se pêchent, chasse et pêche sont l'occasion de parties fort amusantes.

La chasse se fait au moyen d'une arbalète spéciale fort longue et possédant un arc résistant et très élastique ; on arme cette arbalète avec une flèche rigide en sapin, flèche terminée d'un côté par une tige aiguë en fer barbelé, et de l'autre retenue par une ficelle à la corde de l'arbalète. Apercevez-vous une grenouille ? vous l'approchez au plus près possible, ajustez, tirez, transpercez et ramenez dans votre gibecière.

La pêche se fait de deux façons :

Dans les petites mares et les fossés, il est bon d'employer une épuisette profonde et munie d'un long manche très léger, vous vous promenez et cueillez sans trop de peine les grenouilles d'un naturel peu méfiant.

Dans les grandes mares, on pêche la grenouille à la ligne.

Oh ! l'appareil est bien simple : une gaule quelconque et une ficelle longue de deux mètres ; inutile d'avoir un hameçon, lorsque les grenouilles ont saisi l'appât, leurs dents crochues et recourbées ne le laissent plus retomber.

Comme amorce : un petit morceau de chiffon rouge, un escargot dépouillé de sa coquille, une peau de grenouille, etc... l'essentiel est de faire sautiller continuellement l'appât de façon à imiter un insecte se débattant à la surface de l'eau, la grenouille saute dessus, l'avale et se laisse enlever.

Il est bon de tuer la grenouille aussitôt prise et de ne garder que les pattes comestibles. Les étangs de Vulaines, en Seine-et-Marne, sont réputés pour leurs monstrueuses et délicates grenouilles.

Souvent vous tenez en vain votre ligne et préparez inutilement votre arbalète. Les grenouilles ont fui ou se sont cachées sous les nénufars et les mousses d'eau.

Pour les faire venir, voici un procédé ex-cellent et infaillible recommandé par V. de Bomare.

On met un verre bien transparent sur une feuille de papier blanc, près du bord de l'eau ; on place une grenouille sous ce verre que l'on charge ensuite d'une pierre pour le maintenir et empêcher la grenouille de s'échapper, puis on se retire sans bruit. Aussitôt que les gre-nouilles du voisinage entendent crier celle qui est prisonnière, elles arrivent de toutes parts comme pour la secourir. Alors on s'approche doucement et on les prend avec l'épuisette qu'on glisse adroitement par-dessous l'animal...

Brekekekex, coax ! Filles des eaux maréca-geuses chantées jadis par Aristophane, voilà comment vous en êtes arrivées à servir de nourriture quand vous n'êtes pas utilisées comme baromètres.

Les Écrevisses.

> Jamais de mes destins propices
> Poursuivant le cours régulier,
> Je n'avais mangé d'écrevisses
> En cabinet particulier !...

Si vous n'avez pas mangé d'écrevisses en cabinet particulier, j'espère pour vous, cher lecteur, que vous les avez dégustées à la table familiale, car ce crustacé est un délicieux manger et fait l'ornement de tous les festins, pendant les longues agapes d'hiver.

Nos rivières possèdent deux genres d'écrevisses :

Le *pied-blanc*, dont la taille est plus petite, la chair moins fine et le goût plus prononcé.

Le *pied-rouge*, dont la taille est beaucoup plus forte, le goût plus délicat, la chair ferme et parfumée.

Le *pied-blanc* sert pour les bisques, le *pied-rouge* est réservé aux buissons.

Il existe trois manières de pêcher l'écre-

visse ; la pêche à la main, — la pêche au fagot,
— la pêche à la balance.

La pêche à la main, pêche primitive, était
jadis la seule usitée dans nos campagnes: autrefois productive, elle ne compte plus guère
aujourd'hui.

Cependant en été, pendant le chômage des
canaux et lorsque les eaux sont basses, les riverains s'y livrent par fois avec succès. Cette
pêche ne demande aucun outillage.

Le pêcheur d'écrevisse se met tout simplement à l'eau et promène ses mains sous les
pierres et dans les trous qu'il rencontre.

Cette pêche présente certains désagréments :
tout d'abord, l'écrevisse pince assez fortement
et souvent la main rencontre, sous les pierres,
un dytique, une couleuvre d'eau, un ver assassin dont les piqûres ou morsures ne laissent pas
d'être mauvaises.

S'il échappe aux piqûres, le pêcheur d'écrevisse n'évite pas les rhumatismes et les douleurs, sans compter les chutes souvent dangereuses dans des trous remplis d'herbes et la
surprise des sables mouvants.

La pêche au fagot est plus simple et plus productive, surtout dans les rivières profondes aux berges escarpées.

Vous prenez un fagot d'épines fortement lesté d'une grosse pierre et garni d'un flotteur. Dans ce fagot, vous introduisez des viandes corrompues. Les écrevisses viennent dans le fagot pour manger la viande ; quand vous supposez qu'elles sont entrées en quantité suffisante, vous tirez brusquement le fagot à vous et le jetez sur la berge.

Mais si brusque, si combiné que soit votre mouvement nombre d'écrevisses se sont échappées, et cette pêche ne rend pas en proportion des fatigues qu'elle cause.

La vraie pêche aux écrevisses est, partout, la la pêche aux balances.

La balance dont on se sert pour la pêche est un petit instrument inventé, je crois, par Moriceau, mais qui doit ses perfectionnements à Carbonnier.

Cette balance est formée d'un filet cylindrique muni de deux cercles en fer ayant de vingt-cinq à trente centimètres de diamètre.

Le cercle supérieur est un peu plus large que le cercle inférieur, afin qu'appliqué sur le sol il ne recouvre pas le premier cercle ; par ce moyen, l'appareil posé à plat ne forme point de saillie et son plan est parfaitement horizontal.

Le poids des cercles doit être suffisant pour résister au courant ; on doit choisir un métal inoxydable.

Trois ficelles supportent le cercle supérieur, absolument comme une balance, ces ficelles sont retenues à leur sommet par une corde plus forte munie d'un flotteur en liège ajusté de façon à maintenir tendues les ficelles et la corde.

La pêche des écrevisses avec des balances est très agréable, et forme pour les dames un des plus agréables passe-temps de la campagne.

Chacun pose ses balances comme il l'entend, mais le plus simple est de se servir de baguettes qui, piquées dans la berge soutiennent la corde.

Comme appât, mettez une grenouille morte, des intestins de volaille ou du foie, les amorces propres et inodores sont tout aussi bonnes, à mon avis, que les viandes pourries et les détritus en putréfaction dont beaucoup de pêcheurs se servent.

Un pêcheur peut poser une douzaine de balances, — à un mètre de distance l'une de l'autre, — il les relèvera doucement, de demi-heure en demi-heure, et sans le moindre bruit.

Soulevez d'abord vos balances le plus tranquillement possible, pour écarter les deux cercles, puis tirez brusquement hors de l'eau.

La première condition pour cette pêche est, bien entendu, de choisir un ruisseau ou un coin de rivière où les écrevisses abondent, la seconde est de se mettre en campagne par une soirée orageuse.

N'oubliez ni vos sabots ni votre houppelande et souvenez-vous que, du 15 avril au 15 juin, la pêche de ce crustacé est interdite.

L'écrevisse ne sort point de son trou pendant l'hiver, c'est une délicate qui aime à se promener au soleil.

Il se mange à Paris plus de six millions d'écrevisses par année et plus de quinze millions dans toute la France.

Bien plus fine que le homard, bien plus parfumée que la crevette, l'écrevisse possède une saveur particulière qui plaît à tout le monde.

Ce crustacé paraît surtout sur nos tables de
deux façons différentes :

En buisson.

En bisque.

Tout le monde connaît le buisson, inutile
d'insister ; mais connaît-on bien le *buisson enchanté*, pas celui de Moïse, s'entend. Le buisson enchanté consiste à présenter des écrevisses bien vivantes, ayant toutes les apparences
et les couleurs cardinalesques de la mort.

Il s'agit de choisir une ou plusieurs écrevisses
bien vives et de leur passer sur la carapace à
l'aide d'un pinceau, et cela à plusieurs reprises,
de l'acide nitrique ou sulfurique un peu affaibli,
de l'eau-forte, par exemple. On a grand soin
d'humecter le pinceau le moins possible pour
ne point laisser pénétrer du liquide corrosif sous
les écailles car ce serait causer la mort de l'é-
crevisse. La propriété de l'eau-forte est de
changer en un rouge très vif la couleur noirâtre de l'écrevisse. Cette opération, habile-
ment faite, il est facile d'en deviner les résultats.
On place les écrevisses que l'on vient de dé-
guiser ainsi, au milieu d'un buisson d'écrevisses
cuites, — qui ont la même couleur rouge,

— mais cela seulement au moment on l'on sert.

A peine le plat est-il sur la table, que, au grand étonnement des convives, les écrevisses déguisées s'agitent, sortent du buisson et grimpent sur leurs sœurs artistement étagées. Ceux qui ne sont point au courant de cette espièglerie croient que tout le buisson est composé d'écrevisses vivantes (elles n'ont pas assez bouilli ?) et, s'affligeant déjà de ne pouvoir les savourer, jettent des regards navrés ou furieux sur le fils de la maison.

Mais trois fois horreur ! Voici l'amphitryon qui avance la main, prend une écrevisse, la casse en deux et se prépare à la déguster.

C'est de la barbarie et de la vivisection. Quoi ! dépecer un crustacé tout vif, manger une écrevisse toute crue !

Mais l'écrevisse semble inerte et paraît cuite à point ; le visage des convives se rassérène, le tour est expliqué et le buisson disparaît sous les attaques répétées des convives joyeux.

Du buisson, passons à la bisque.

Pour faire une bonne bisque, — ce qui n'est pas toujours commode, — mettez deux ou trois douzaines d'écrevisses dans une casserole avec du sel, poivre, muscade et un quart de bon beurre ; faites cuire en remuant pendant vingt minutes. Vos écrevisses cuites, retirez les chairs pour les piler en les arrosant de bouillon. Pilez aussi les carapaces et faites-les bouillir séparément avec ce bouillon, puis passez-les au tamis. Mettez ensuite le tout sur un feu doux sans bouillir, versez votre préparation sur des croûtons de pain et servez.

La bisque est un mets divin et réconfortant, et mieux vaudrait « la cage sans oiseaux, la ruche sans abeilles » qu'un dîner sans écrevisses !

Pour finir avec l'écrevisse, chacun connaît la célèbre définition qu'on a plaisamment mise sur le compte de l'Académie française, en tous cas la voici :

Un jour de séance académique lorsque l'on travaillait à la rédaction du fameux dictionnaire qui.... que...; survint le célèbre Cuvier. On était précisément à la lettre E ; il se fit lire l'article *Ecrevisse* et le lecteur fit entendre la définition suivante : « Petit poisson rouge qui marche à reculons. »

Le savant toussa, se moucha et dit sur un ton légèrement ironique : « Mes chers confrères, l'*écrevisse* n'est pas un poisson, elle n'est point rouge et elle ne marche nullement à reculons. Sauf ces légères rectifications, votre définition est parfaite. »

L'Académie n'est pas pêcheuse, c'est là son moindre défaut ; l'on peut donc lui pardonner puisque J. Janin ne craignit pas, un jour, de baptiser le homard : « Cardinal des mers... »

CHAPITRE XXV

LES PÊCHES AMUSANTES

S'il est des pêches spéciales aux gens graves et silencieux, s'il en est d'autres pour les amateurs nerveux et agiles, il existe aussi pour les enfants, — voire pour les grandes personnes, — plusieurs pêches, amusantes sans cesser d'être productives.

Ces pêches s'appliquent surtout aux poissons amateurs de vif, dont nous avons vu que le brochet était le plus terrible représentant.

Donc, jeunes élèves, voici l'amusante manière de prendre les brochets, perches, etc., avec des vessies, des bouchons et des bouteilles.

Prenez quelques vessies de mouton, gonflez-

les autant que possible et fermez hermétique-
ment l'ouverture avec plusieurs tours de solide cordonnet. A l'extrémité libre de ce cordonnet, fixez un fort hameçon à brochet amorcé
d'un goujon ou d'un têtard, de telle sorte que
votre vif nage à mi-profondeur, puis abandon-
nez vos vessies au courant de l'eau, en leur sou-
haitant beau courant et bon vent.

Vous reviendrez le lendemain matin examiner vos vessies et vous reconnaîtrez facilement
qu'un brochet a été pris, à la danse macabre
qu'elles exécuteront sur l'eau.

Si vous n'avez pas eu la précaution d'attacher
à chaque vessie une longue ficelle amarrée au
rivage, vous serez obligés de prendre un bateau
et de faire la chasse à vos flotteurs.

Le brochet voyant venir le bateau et entendant
le bruit des rames, se sauvera rapidement en
traînant la vessie; si le brochet est de forte
taille et ne s'est pas épuisé en tiraillements
toute la nuit, alors commencera une chasse aussi
amusante que mouvementée.

Vous approchez.... la vessie fuit; vous tou-
chez le but.... la vessie glisse sous vos doigts.

N'agissez point trop brusquement et ne crevez pas la membrane légère, car alors le brochet, n'étant plus retenu, plongerait rapidement.

Il me souvient d'avoir ainsi couru pendant plusieurs minutes après une vessie rebelle pour retirer triomphalement un magnifique.... rat d'eau.

Au lieu et place des vessies, on peut employer des ronds de liège de 12 à 14 centimètres de diamètre, peints en rouge par-dessus, en vert par-dessous.

Le milieu de ce disque flotteur est traversé par une sorte de broche en bois, sur la partie supérieure de laquelle on enroule une ligne de 15 à 20 mètres de longueur garnie à son extrémité d'un fort hameçon amorcé de vif ; la ligne, passée dans une fente pratiquée à la partie inférieure de ladite broche plongeant dans l'eau, est ainsi arrêtée à la profondeur voulue.

Lorsqu'une perche saisit l'appât, la secousse qu'elle donne en mordant dégage la ligne de la fente, la ligne se déroule, mais le carnassier fuit avec la bricole dans le ventre, et ce sera bientôt pour vous une capture facile.

Ces deux genres de pêche ont été connus de

toute antiquité depuis les Esquimaux qui chassent les gros cétacés avec des harpons garnis de vessies de phoques, jusqu'aux Corses qui emploient le disque de liège pour capturer les dorades méditerranéennes.

Cependant ces deux systèmes ont de grands inconvénients ; tout d'abord la vessie entraînée sur les herbes ou sous les saulées peut se déchirer et disparaître, de même le liège est souvent arrêté par les roseaux et les joncs. Mais le plus grand défaut de ces engins, sur nos rivières de France, est de trop attirer l'attention des maraudeurs bipèdes et d'effrayer quelque peu les brigands aquatiques.

Les flâneurs et les braconniers d'eau douce savent fort bien que les vessies, pas plus que les lanternes, ne poussent parmi les lentilles et les sagittaires, et ne se promènent pas sans raison au milieu du courant ; aussi, viennent-ils à supposer qu'un brochet est accroché, ils ont vite terminé les affres de la pauvre bête en le changeant d'élément.

Si encore ils se contentaient du poisson, mais le plus souvent ils emportent la vessie ou le liège et la ligne avec.

A ces inconvénients, il faut ajouter que souvent il est difficile de se procurer à la campagne des vessies de mouton, et que, même dans les petites villes, les épiciers ne possèdent pas toujours des disques en liège de 12 à 14 centimètres de diamètre. Rejetant ces deux procédés, il me faut de toute nécessité en indiquer un troisième, et ce troisième est la bouteille.

— La bouteille ?

— Tout simplement.

Vous prenez une bouteille quelconque et la bouchez sérieusement ; puis, après le goulot, vous attachez fortement une ligne solide terminée par une bricole amorcée de vif, et laissez aller le tout à vau-l'eau.

La suite se passe comme pour la pêche à la vessie et au liège, seulement la bouteille offre de grands avantages :

Elle glisse plus facilement sur l'eau, — ne craint pas les herbes, les rats d'eau et les canards, — fatigue le poisson plus que la vessie et le liège, — n'attire pas l'attention des rôdeurs, — se trouve facilement partout, — n'éveille pas la méfiance des poissons.

Cela ne ressemble guère à la bouteille percée

usitée pour prendre des goujons ; mais c'est, je vous l'assure, une récréation curieuse que cette pêche au goulot.

Le mois d'octobre est le grand mois pour cette pêche au brochet : déjà les froids arrivent, et les petits poissons, se cachant sous les enrochements, font que les expéditions et les chasses du tyran des eaux sont souvent inutiles ; or, quand notre brochet est bredouille, il mord bien plus fréquemment et plus gloutonnement à toutes les amorces vives qu'il rencontre sur sa route.

Le brochet fait toujours bien sur une table, savamment allongé sur un matelas de persil ; les reins d'un brocheton réjouissent les palais les plus délicats, car je suppose qu'une jeune pêcheuse à la bouteille doit être excellente ménagère, comme feu la duchesse de Pompadour, car d'après les poètes contemporains :

> Elle était noble dame, habile en savoir-vivre,
> Et servait à son hôte, ainsi qu'il le fallait,
> Le ventre de la carpe et le dos du brochet !

Notre intéressant malacoptérigien se prépare sur le gril, à la broche, au court-bouillon, au bleu, farci, à la sauce blanche, etc., etc...

CHAPITRE XXVI

PÊCHE DE NOEL

J'ai terminé le côté pratique de la capture des poissons, pour les grands parents ; j'ai donné les pêches amusantes pour les jeunes gens ; aux tout petits maintenant, un conte de pêche pour les bébés roses et les enfants bien sages.

Voulez-vous, chers petits lecteurs, que, pour une fois, nous quittions les rivières de la France et les océans européens, pour aller bien loin, bien loin, au pays des Fées, dans ce pays où le bonhomme Noël vit encore et où les enfants sages n'ont qu'à souhaiter pour obtenir, qu'à désirer pour voir aussitôt mille génies ailés leur présenter les cadeaux, les jouets et les bonbons. C'est en ce pays des songes chanté par le bon La Fontaine, près de ces rives aimées que Florian a décrites, que se passe notre histoire de pêche et de Noël, histoire vraie, car je connais et vous ferai connaître le gentil pêcheur qui en fut le héros.

*
* *

Donc il y a trente-trois ans vivait au pays de Sucredorgeas...

— Mais, me direz-vous, sous quelle latitude se trouve le pays de Sucredorgeas...

— Sucredorgeas, mes chers amis, se trouve non loin de l'île de Lilliput, où Gulliver aborda lors de son premier voyage ; du pic de la haute montagne de Candi, montagne fameuse à Sucredorgeas, on aperçoit les côtes de la baie du Salut où Robinson Crusoé fut heureusement jeté après le terrible naufrage de son navire ; ceci dit, je reviens à mon histoire...

... — Donc, vivait au pays de Sucredorgeas, un pêcheur riche, estimé et entouré d'une nombreuse famille. Sa maison, située sur les bords du fleuve Caramel, retentissait tout le jour de cris de joie et de fête.

Le fleuve Caramel était poissonneux, notre pêcheur habile ; et ses filets qu'il retirait toujours pleins d'excellents poissons suffisaient à donner à sa famille cette belle et bonne aisance.

Or, le 23 décembre 18..., le soir, autour de la table patriarcale, le fils du pêcheur, le jeune Fernando, un gamin vif, espiègle, travailleur, obéissant, et cependant ne comptant guère plus de dix années, le jeune Fernando, poussé par sa petite sœur Louisette, se leva, après le dessert, courut embrasser son papa et sa maman, puis se campa fièrement et dit :

— Petit père et petite mère, vous êtes bien contents de moi, n'est-ce pas, je travaille beaucoup à l'école et je vous aide de mon mieux à la pêche..., puis-je vous demander, pour ma petite sœur et pour moi, une grande récompense.

— Parle, dit le père.

— C'est accordé, ajouta la maman.

— Eh bien, c'est demain la Noël, demain nous trouverons dans la cheminée nos souliers remplis de poupées, de polichinelles, de moutons et de soldats : eh bien, maintenant que nous voila grands, nous voudrions remercier messire Noël.

— Comment cela ?

— En faisant réveillon, cher papa, je suis un homme et je puis porter la santé du joyeux Noël.

— C'est dit, foi de pêcheur, et si demain la pêche est bonne, si mes filets sont heureux, nous fêterons ensemble l'heure du réveillon.

*
* *

Le lendemain, de grand matin, Fernando fut prêt et suivit son père sur le fleuve Caramel. Le soleil se levait à peine et dorait les brumes grisâtres qui floconnaient sur l'eau, Fernando tirait les lourds avirons, et, le croc à la main, son père amenait à lui les nasses et les verveux.

Oh ! le beau spectacle sur le plancher du bateau de pêche.

Les verveux avaient donné des brêmes au large ventre argenté, des barbillons aux écailles cuivrées, des brochets teintés de vert, des perches zébrées de bandes rouges, des chevennes tout frétillants et des tanches aux tons sombres. Les nasses regorgeaient d'anguilles, et çà et là se distinguaient les larges écailles des carpes et des aloses.

Le père était content.

— Voilà une pêche miraculeuse, mon enfant, vive notre Noël ! Nous ferons cette nuit un joyeux festin en son honneur.

Nos pêcheurs rentrèrent à la maison, et, tandis que le père brossait les filets, la diligente ménagère s'en fut à Sucredorgeas chercher une belle oie.

Tout fier de son succès, le jeune Fernando revint sur le bord de la berge où il se mit à raconter à sa sœur émerveillée la fameuse pêche du matin.

Il racontait encore, il racontait toujours, quand vint à passer sur la route un pauvre vieillard courbé, ridé, cassé.

Un jeune enfant, à peine couvert de quelques haillons, semblait guider les pas chancelants du pauvre vieux qui se traînait péniblement appuyé sur un bâton de pèlerin.

Fernando et Louisette, tout étonnés, se prirent à considérer les deux étrangers qui s'étaient arrêtés en face d'eux.

Le vieillard avait grande mine sous sa houppelande usée et l'enfant était si joli; tout à coup le vieillard s'adressa au jeune pêcheur:

— Mon petit ami, nous sommes pauvres et affamés, laisserez-vous partir deux malheureux sans leur donner quelque petite chose pour fêter le jour de Noël?

— Oh! non, fit Louisette.

— Attendez, ajouta Fernando.

Puis voilà nos deux enfants descendant vers le bateau de pêche; Fernando lança l'épuisette dans la boutique, au hasard, et retira deux gros poissons: une carpe et un barbillon.

Louisette prit la carpe par les ouïes, et Fernando remonta avec son barbillon.

— Tenez, dit Fernando en tendant son barbeau au vieillard, prenez ce beau poisson en l'honneur du gentil Noël; papa sera content de ce que je fais.

— Voici, dit Louisette en s'approchant du petit enfant, voici une jolie carpe, je vous la donne pour cadeau de Noël, et maman m'embrassera pour cette bonne action :

Le vieillard, tout ému, prit sans mot dire les deux poissons. Son petit compagnon, tout joyeux, sembla se transfigurer, et, s'adressant à Fernando et à Louisette :

— Cadeau pour cadeau ; vous aimez le petit Noël, et le petit Noël n'oublie pas ses amis ; si jamais vous vous trouvez dans la peine, souvenez-vous du jour du réveillon, invoquez Noël, et il exaucera vos vœux... Au revoir et pensez au joyeux Noël.

Puis les deux étrangers disparurent, laissant nos jeunes amis fort étonnés.

Le réveillon du pêcheur fut une grande et bonne fête cette année-là.

*
* *

Un an s'est écoulé amenant bien des changements.

Là où s'élevait la jolie maison du pêcheur se trouve une pauvre masure délabrée ; on n'entend plus de cris de fête ; tout est morne, est triste.

Une terrible inondation a ravagé le pays de Sucredorgeas. emportant la maison du pêcheur, fracassant son bateau et déchirant ses meilleurs filets.

Ce coup terrible a abattu notre brave homme; le désespoir est venu, puis la maladie. A peine ce pêcheur, jadis riche et heureux, a-t-il pu élever une cabane sur l'emplacement de son ancienne demeure, et là, il végète pauvre et misérable, gagnant à peine, avec ses mauvais filets, le nécessaire pour soutenir sa famille.

Nous sommes encore au 23 décembre et dans un coin de la cabane, raccommodant de vieux filets, nous retrouvons nos amis de l'an dernier, Fernando et Louisette : Mais quel changement !

Fernando est pâle et chétif, Louisette est triste et pleure.

— Te souviens-tu, dit Fernando à sa sœur, du joyeux Noël de l'année passée ?

— Oh oui ! avec la belle oie aux marrons.

— Et ces beaux poissons qui rissolaient dans la poêle !

— Maintenant nous sommes aussi pauvres

que les deux mendiants que nous avions secourus le matin.

— Ne dis rien, petite sœur, je viens de remettre les filets en état ; papa repose et je vais
essayer de prendre un poisson pour fêter une
fois encore le petit Noël, — et puis j'ai mon
idée.

— Quelle idée ?

— Je me rappelle les derniers mots du petit
enfant à qui, l'an dernier, tu donnas une carpe ;
j'invoquerai le bon Noël avant de monter en bateau ; peut-être écoutera-t-il le pauvre pêcheur.

Et Fernando sortit ses filets sur l'épaule !

* *

Le soleil luit au-dessus des grands peupliers
et l'horloge de Sucredorgeas sonne trois heures
de l'après-midi quand Fernando détache le vieux
bateau de pêche.

Il prend ses avirons, et les yeux levés vers le
grand ciel bleu.

— Petit Noël, petit Noël, n'oublie pas ton

ami Fernando ; que sa pêche soit heureuse et que ton jour de fête soit un jour de joie pour son père, sa mère et sœur Louisette.

Comme pour répondre au nom du petit Noël, une fauvette des roseaux fit entendre son cri strident ; et plus fort, plus confiant, notre ami Fernando partit vers les grands fonds du fleuve Caramel. Mais, ô miracle, le bateau semble se diriger tout seul sur l'eau ; il glisse, il vole ; et, tout autour, des masses profondes de grands poissons inconnus semblent lui faire escorte.

Mais Fernando est bon pêcheur et c'est un hardi marinier.

Il prend son épervier et le jette d'une main confiante.

Miracle, encore miracle ! A peine si le lourd épervier pèse à son épaule ; il le tire hors de l'eau gonflé de poissons, et son jeune bras ne sent pas la fatigue.

Une force inconnue semble animer Fernando ; les coups d'épervier se succèdent, les poissons viennent se bourser d'eux-mêmes ; le bateau est plein, plein jusqu'aux bords.

Fernando comprend alors que le petit Noël a exaucé sa prière, il quitte son épervier enchanté et, courbé sur ses avirons, se dirige vers la cabane paternelle.

Son père, inquiet, l'attend sur la berge.

— Tiens, papa, dit Fernando, en montrant sa pêche, voici le cadeau du petit Noël.

— Miracle ! fait le père, des saumons, des truites, des carpes, des anguilles ! et par centaines ; mais, mon enfant chéri, comment as-tu pêché tout cela, toi si chétif ; tu m'apportes une fortune !

— Vive Noël ! se mit à crier Louisette. Subitement une ombre parut couvrir le bateau et obscurcir le soleil ; Fernando et sa sœur levèrent les yeux, et que virent-ils ?

Au milieu d'un nuage tout resplendissant, entourés d'étoiles scintillantes et d'auréoles empourprées, le pauvre vieillard et le petit enfant qu'ils avaient secourus l'an passé. Mais le vieillard avait l'air auguste et vénérable, et le jeune enfant semblait un glorieux chérubin.

Lors, le vieillard levant la main :

— Le ciel bénit les enfants sages et n'oublie pas ceux qui font l'aumône. Je suis saint Pierre, le patron des pêcheurs, et voici mon divin maître, le petit Noël.

Fernando et Louisette, vous avez eu pitié de deux malheureux ; ces deux malheureux sont aujourd'hui vos patrons et veilleront sur vous ; restez des enfants sages et bons, le reste viendra tout seul...

Et ils disparurent, emportés dans la nuée étincelante.

*
* *

Est-il besoin d'ajouter que la santé, le bonheur et la richesse reparurent dans la maison du pêcheur.

Aujourd'hui, Louisette est mariée à un brave garçon, et Fernando passe, au pays de Sucredorgeas, pour le pêcheur le plus heureux, le plus habile et le plus honnête.

Le gentil Noël leur a porté bonheur, et je vous souhaite à tous, chers petits lecteurs et pêcheurs, pareille rencontre et pareille fortune.

CHAPITRE XXVII

LES ANIMAUX PÊCHEURS

Nous en avons fini avec les hommes, les enfants, les bébés, mais non avec *tous les pêcheurs*; après le roi, les sujets; après l'homme, les animaux.

Si le poisson n'avait point d'autre ennemi que l'homme, le proverbe : « Heureux comme un poisson dans l'eau », serait peut-être vraisemblable; mais je ne sais pas un être animé qui soit aussi traqué, chassé, houspillé et mangé que le malheureux habitant des eaux.

Différents des loups, les poissons se mangent tout d'abord entre eux, et nos fleuves et nos rivières recèlent une série de gredins qui se font une douce récréation de manger leurs frères. La truite, le brochet, la perche, l'anguille, pour ne citer que les principaux, sont continuellement en quête, comme le lion de l'Évangile, et malheur à l'innocent gardon, au tendre goujon ou à la brême timide qui passent à portée de leurs dents aiguës.

Mais laissons les poissons se manger les uns les autres, et étudions leurs ennemis terrestres, c'est-à-dire les quadrupèdes dont la réputation ichtyophagique est justement méritée.

Voici, par rang de taille : l'hippopotame, l'ours blanc, le crocodile, le jaguar, le phoque, la loutre, le castor, le chat et le rat d'eau.

* *
*

L'hippopotame, dont la force est prodigieuse, pourrait se rendre redoutable à tous les animaux, mais il est naturellement doux et, d'ailleurs, si pesant et si lent à la course, qu'il ne pourrait attraper aucun des quadrupèdes ; malheureusement pour le poisson, il nage plus qu'il ne court, et, sans faire précisément sa *proie du poisson*, comme le dit Buffon, il lui arrive souvent, par manière de plaisanterie, de couper en deux d'un coup de mâchoire l'innocent poisson qui s'est approché, trop confiant, à portée de ses vastes mâchoires.

De plus, en arrachant les herbes et en fourrageant les bords des rivières, l'hippopotame détruit des quantités considérables de frai.

L'ours blanc est autrement redoutable pour la gent aquatique.

Sa force étonnante et son agilité dans l'eau lui permettent de trouver facilement sa proie.

Dans les mers où l'on pêche la baleine, il trouve facilement à se nourrir des dépouilles de ce cétacé ; on a du reste remarqué que les ours qui recherchaient ce genre de nourriture avaient un poil des plus jaunâtres.

Mais les poissons forment surtout le fond de la nourriture de l'ours blanc. Il les attrape soit en plongeant et les poursuivant à la nage, soit en les saisissant entre les blocs de glace, ou bien en les chassant dans les anses, à l'embouchure des ruisseaux, et les y tuant en masse.

D'après l'amiral Krusenstern, qui visita le Kamtschatka, dès que l'ours s'aperçoit qu'un grand nombre de poissons remonte le fleuve, il se place dans l'eau, près de la terre, rapproche ses jambes de façon à ne laisser qu'une petite ouverture entre elles, pour le passage des poissons qui, dans leur marche suivent toujours la même ligne. Aussitôt que les poissons arrivent à cette ouverture, ils s'y pressent en quantité : l'ours alors serre fortement ses jambes, et, sautant à terre, laisse tomber sa capture pour la manger à son aise.

*
* *

Les fleuves de l'Asie, de l'Afrique et de l'Amérique sont aussi fortement ravagés par ces grands lézards appelés crocodiles, alligators, caïmans, gavials, etc.

Le crocodile n'a qu'une ruse dans son sac, mais elle réussit toujours : il se laisse couler au fil de l'eau, surnageant comme un tronc d'arbre flottant ; mais crac, un beau poisson passe-t-il à sa portée, le tronc d'arbre se détend comme un ressort, et l'imprudent poisson est englouti en un clin d'œil.

Heureusement pour les poissons, le crocodile préfère guetter les antilopes, voire même les buffles qui viennent s'abreuver ; le terrible amphibie, simulant toujours le bois mort, les surprend, s'accroche à leurs naseaux et les entraîne sous l'eau pour les dévorer en pleine quiétude.

Le jaguar est un pêcheur habile, et c'est merveille de le voir prendre et faire sauter à terre d'un coup de patte les poissons qui viennent jouer à la surface de l'eau.

Un voyageur de mes amis m'a raconté avoir vu, à la Guyane, un jaguar se livrer au plaisir de la pêche ; c'est un récit qui mérite d'être répété.

Par une chaude soirée d'été, me dit-il, je rentrais dans mon canot, revenant de la chasse aux canards, lorsque mon guide, un Indien, me montra un jaguar sur les bords du fleuve. Nous nous approchâmes en nous cachant sous les saules dont les branches pendaient sur l'eau, afin d'observer les mouvements de l'animal. Il était accroupi sur une pointe de terre qui s'avançait dans le fleuve, à un endroit où le courant était très rapide, et où se tenait de préférence un poisson appelé *dorado* dans le pays. Il fixait ses regards sur l'eau, et, de temps en temps, se courbait comme pour en explorer la profondeur. Au bout d'un quart d'heure environ, je le vis tout à coup donner un coup de patte dans l'eau et rejeter sur le bord un gros poisson....

M. Raulin, dans ses *Mémoires*, raconte aussi qu'il a vu, près d'un rapide de l'Orénoque, un jaguar femelle, accompagné de ses petits, pêcher aux truites et les saisir dans le bond qu'elles faisaient pour franchir la chute d'eau. Les petits, à qui ce jaguar distribuait les produits de sa pêche, se tenaient à l'écart et immobiles pour ne pas effrayer le poisson; mais quand ils furent rassasiés, avant de rentrer dans le bois, ils s'approchèrent de l'eau et essayèrent de faire comme leur mère.

Le phoque est un pêcheur de naissance sur le compte duquel nous n'insistons point, car il appartient plutôt au genre poisson qu'aux animaux de terre ; le sage castor se nourrit d'écorces fraîches, mais il varie souvent son ordinaire en y ajoutant un plat de poisson, et comme c'est un amateur aussi sage qu'éclairé, il s'offre le plus souvent quelques douzaines d'écrevisses nature.

Le rat d'eau a de nombreuses affinités avec le castor comme pêcheur, seulement le rat d'eau est un braconnier fieffé qui ne se fait aucun scrupule de ronger les mailles d'un verveux pour piller le bien d'autrui.

Quant à la loutre, c'est le ravageur par excellence de tous les cours d'eau. C'est un animal d'une voracité extraordinaire, plus avide de poisson que de chair, et qui ne quitte guère le bords des rivières et des lacs. Quelques semaines suffisent à une loutre pour dépeupler un étang.

La loutre est trop connue de tous les pêcheurs pour que nous lui consacrions une étude plus longue ; cependant nous ne saurions passer sous silence ce fait, raconté par l'évêque Héber, qui nous montre les Indiens dressant à chasser le poisson, la loutre, cet animal sauvage et méfiant à l'excès.

« J'arrivai, écrit-il, à un endroit de la rivière où, à ma grande surprise, je vis une rangée de neuf ou dix loutres, toutes grandes et belles, qui étaient attachées chacune à un piquet de bambou planté sur le rivage au moyen d'une laisse et d'un collier de paille. Quelquesunes nageaient aussi loin que cette laisse le leur permettait ; d'autres étaient couchées sur la rive, ayant une partie du corps seulement dans l'eau ; d'autres enfin se roulaient au soleil.

« On me dit que beaucoup de pêcheurs avaient ainsi plusieurs loutres apprivoisées comme des chiens et qui leur rendaient des services analogues, tantôt poussant dans les filets les bandes de poissons, tantôt saisissant les plus gros avec leurs dents et les rapportant elles-mêmes. »

A nos pêcheurs d'essayer de ces habile auxiliaires, si toutefois la gendarmerie n'y met obstacle — et avec raison.

J'ai gardé le chat pour finir, parce que je veux vous parler d'un ami à moi, d'un camarade de lit, qui partagea souvent ma couverture de voyage pendant mes longues parties de chasse et de pêche.

Mon ami s'appelle Mouche, et c'est presque un chat savant.

Appelez Mouche, et il vient frotter sa bonne frimousse contre votre joue ; ordonnez, et il fera le mort, saluera avec ses pattes et vous accompagnera d'un ronron amical.

Or, Mouche, sans dédaigner le foie de mouton et le mou de veau, Mouche préfère le poisson et est le cauchemar de la cuisinière.

Les harengs frais sont ses préférés ; il aime également les moules, joue volontiers avec un merlan et ne fait que deux bouchées d'un maquereau de belle taille.

Mais Mouche préfère le poisson de rivière, et par ma faute.

Jadis, ce jeune chat m'accompagnait comme un chien bien dressé, dans mes parties de pêche et, de temps à autre, pour récompenser son zèle, je lui jetais un gardon ou une ablette.

Mouche, d'abord difficile, prit goût au poisson, à ce point que je lui parus insuffisant comme rapport ; lors mon chat se mit à pêcher pour son compte et je vous affirme qu'il s'en tire à merveille.

Qui lui a appris l'art de lever le poisson ? je ne sais ; mais aujourd'hui, Mouche ne craint personne et se suffit à lui-même.

Quand je pars, ma ligne sur l'épaule, Mouche me suit.

Je m'installe dans mon bateau, lui se tapit sur une pierre derrière une touffe d'herbe, et malheur au gardon qui passe à portée de ses griffes.

La journée finie, si nous établissions notre bilan, souvent le quadrupède aurait plus de pièces à marquer au tableau que le bipède ; et je suis parfois forcé d'avouer que ce qui pêche mieux que l'homme — c'est le chat !

CHAPITRE XXVIII

LES OISEAUX PÊCHEURS

La gent emplumée ne le cède en rien aux forbans quadrupèdes pour le pillage des cours d'eau et l'habileté à la pêche.

Nous avons consacré notre dernier chapitre aux animaux pêcheurs, nous le complèterons en donnant un aperçu des oiseaux qui font aux habitants des eaux une guerre acharnée.

Nous commencerons par « l'oiseau royal », le solitaire héron :

Un jour sur ses longs pieds, allait je ne sais où,
Le héron au long bec emmanché d'un long cou;
    Il cotoyait une rivière.
L'onde était transparente ainsi qu'au plus beaux jours,
Ma commère la carpe y faisait mille tours
    Avec le brochet son compère...

16.

Quoi qu'en ait écrit La Fontaine, je crois que le héron doit rarement se délecter d'un filet de brochet ou d'un ventre de carpe; le brochet est trop gros seigneur pour notre oiseau, et la carpe quitte rarement ses bas-fonds et ses lits d'herbe pour venir servir de proie au chef de famille des cultrirostres.

Les hérons font surtout leur nourriture des gardons imprudents, des chevennes trop folâtres, ou de quelque jeune mulet venant fouiller de son museau les bords habités par notre oiseau.

Mais le seigneur héron, dont l'existence est demi-nocturne, n'a pas toujours un poisson à se mettre dans le bec; souvent la gent porte écailles, sans cesse pourchassée, quitte des bords trop perfides; les tanches s'enfoncent de plus en plus dans la vase, et le simple goujon lui même émigre vers des sables plus hospitaliers.

> Du goujon ! c'est bien là le dîner d'un héron.
> J'ouvrirais pour si peu le bec...

Pour guetter sa proie, le héron entre alors dans l'eau jusqu'à mi-jambes, et là, le cou ramené sur la poitrine, la tête enfoncée entre les ailes, il reste quelquefois des heures entières dans une immobilité absolue. Quelque véron passe-t-il à sa portée, il détend le cou comme un ressort, et de son bec projeté avec force, il transperce l'imprudent.

Lorsque la pêche est peu productive, le héron foule la vase avec ses pieds pour en faire sortir les vers et les têtards. Au besoin, notre oiseau affamé pique, au hasard du bec, les rats, les mulots et les campagnols qui viennent folâtrer entre ses pattes et souvent il se trouve :

> ......tout heureux et tout aise
> De rencontrer un limaçon.

Le pélican, qui a la prétention usurpée de se déchirer les entrailles pour nourrir ses petits, est un habile pêcheur; et les jeunes pélicans, gavés dès leur naissance de fins poissons de mer, préfèrent, j'en suis persuadé — autant par goût que par amour filial — un beau et gras merlan à toutes les entrailles pélicanes.

Le pélican vit dans les parties orientales de l'Europe, en Afrique, en Asie et en Amérique, et fait sa nourriture habituelle de poissons, dont il remplit sa poche pour les avaler ensuite à mesure que la digestion s'achève.

Il vole très bien et quelquefois fort haut; mais ordinairement il se balance au-dessus des vagues; entre la lame qui se brise et celle qui s'approche en roulant; lorsqu'il a aperçu un poisson à sa convenance, il tombe sur lui comme un plomb et s'enfonce dans l'eau qu'il fait jaillir très haut. Souvent les pélicans se réunissent pour pêcher en commun; ils forment dans l'eau une demi-lune, dont la concavité répond au rivage, puis ils s'avancent lentement vers le bord, en battant fréquemment la surface de l'eau avec leurs ailes, et en plongeant de temps en temps leur cou tendu en avant; ils ont soin d'observer entre eux une distance égale à l'envergure de leurs ailes. Le croissant formé par eux se rapproche peu à peu de la terre, et les poissons resserrés de plus en plus, se trouvent réduits à un espace étroit; alors commence le repas commun : Les prémices en ont été recueillies par des grèbes qui, nageant dans l'espace circonscrit par la demi-lune avant qu'il ait été rétréci, ont plongé fréquemment sur les poissons effrayés et étourdis.

Les restes du festin seront partagés par des centaines de mouettes et de corbeaux qui, postés sur le visage, happent les poissons affolés.

Quand la pêche sociale est terminée, les pélicans vont s'accroupir sur les rochers et y digèrent en repos.

*
* *

> Il n'était point d'étang dans tout le voisinage
> Qu'un *cormoran* n'eût mis à contribution,
> Viviers et réservoirs lui payaient pension ;
> Sa cuisine allait bien.....

Mons cormoran est un terrible adversaire pour les poissons ; aussi bon plongeur que nageur, il passe sa vie à traquer les habitants des fleuves et des bords de la mer.

Le cormoran est d'une telle adresse à pêcher et d'une telle voracité que, quand il se jette sur un étang, il y fait seul plus de dégâts qu'une troupe entière d'autres oiseaux pêcheurs.

Comme il peut rester longtemps sous l'eau, et qu'il nage entre deux eaux avec une extrême rapidité, sa proie ne lui échappe guère et il revient presque toujours sur l'eau avec un poisson en travers du bec ; pour l'avaler il fait un singulier manège, il jette en l'air son poisson, et il a l'adresse de le recevoir la tête la première, de manière que les nageoires se couchent au passage du gosier.

Dans quelques pays, comme en Chine et autrefois en Angleterre, on a su mettre à profit le talent du cormoran pour la pêche, et en faire un pêcheur domestique en lui bouclant d'un anneau le bas du cou pour l'empêcher d'avaler sa proie et en l'accoutumant à revenir à son maître avec le poisson qu'il porte dans le bec. On voit sur les rivières de Chine des cormorans ainsi bouclés, perchés sur l'avant des bateaux, s'élancer et plonger à un signal donné et rapporter leur pêche au maître qui les surveille.

Un des plus jolis oiseaux de nos rivières de France est le *martin-pêcheur*, qui, comme son nom l'indique, se nourrit presque exclusivement de poissons.

Il faut admirer ces tenaces et alertes pêcheurs, perchés sur une branche morte ou une pierre qui surgit au milieu de l'eau, rester des heures entières dans une immobilité absolue en attendant leur déjeuner. Dès qu'une proie paraît à la surface de l'eau, vite le martin-pêcheur fond sur elle, l'étreint de ses griffes, et, après l'avoir tuée, en la frappant contre une pierre ou un tronc d'arbre, il l'avale la tête la première.

Les martins-pêcheurs sont les *alcyons* des anciens, et quantité de fables ridicules ont couru sur leur compte.

*
* *

Le *balbuzard* encore est un terrible pêcheur, d'autant plus qu'il ne se nourrit soit de poissons saisis à la surface de l'eau, soit poursuivis jusqu'à une assez grande profondeur. Mais il ne jouit pas toujours de sa pêche, car il trouve un ennemi acharné dans l'*orfraie*, qui lui donne la chasse pour lui faire lâcher sa proie et s'en emparer avant qu'elle soit retombée dans l'eau.

Bien entendu nous n'avons cité, dans ce court aperçu, que les oiseaux pêcheurs les plus connus et les plus destructeurs; mais on peut dire, d'une façon générale, que toute la race emplumée qui vit sur les bords de la mer ou des cours d'eau : flamants, plongeons, huîtriers, foulques, caurales, voire même les canards, fait sa principale nourriture du poisson et en consomme plus que l'homme peut-être.

CHAPITRE XXIX

IL FAUT SAVOIR NAGER ET CANOTER

Jadis, après chaque discours, au Sénat de Rome, Caton s'écriait sans désemparer :

Delenda est Carthago!

Après chaque chapitre de ce volume, j'aurais dû écrire :

Un pêcheur doit savoir nager.

Chaque année, il se noie beaucoup d'imprudents ; chaque saison d'été est attristée par des catastrophes terribles, et les faits-divers enregistrent chaque jour la fin déplorable d'un nageur surpris par les herbes de la Seine ou perdu dans les trous de la Marne, d'un pêcheur victime d'un faux mouvement et entraîné par le courant.

Et ce que nous disons de la Seine et de la Marne peut s'appliquer à tous les fleuves, à toutes les rivières de notre pays.

Rien n'est plus dangereux que les remous du Rhône, rien de plus perfide que les sables mouvants de la Loire, les enrochements de la Saône, les courants de la Garonne, etc., etc.

Il faut donc savoir nager avant de se dire pêcheur, et ne pas oublier que la science, en natation, ne doit pas exclure la prudence.

Donc, je recommande la prudence, surtout aux pêcheurs bons nageurs; inutile de se jeter à la nage, tout habillé, après un poisson qui emporte votre ligne, ou de plonger pour explorer le fond de la rivière... Soyez prudents; mourir pour un poisson, ce poisson fût-il une carpe, n'est point un sort digne d'envie.

Quant à ceux qui ne savent pas nager, le seul conseil sérieux à leur donner, c'est d'apprendre.

Après dix leçons de natation, un homme ou un enfant peuvent arriver à se tenir suffisamment sur l'eau; après un mois, ils doivent être bons nageurs, s'ils se sont exercés tous les jours avec un moniteur capable.

Mais tout le monde doit savoir nager ; et, par tout le monde, j'entends les femmes et les hommes, les fillettes et les gamins.

Il est si facile d'apprendre et d'éviter ainsi de grands malheurs !

Il faut plaindre ceux qui ne veulent pas se résigner à cet exercice préservatif, et considérer comme coupables les parents qui ne font pas enseigner cet art indispensable à leurs enfants, et ce, dès le premier âge.

Mais, quoi que l'on puisse dire ou écrire, beaucoup se baignent sans posséder les premières notions de la natation, — ce qui est toujours très imprudent.

Beaucoup s'en vont pêcher, seuls, sans bateau, sur des rochers escarpés, le long de berges élevées ou en suivant des rives à pic. Au pied, le fleuve coule profond et rapide ; un faux mouvement, et c'est la mort pour l'ignorant. Le secours viendrait-il que, ne sachant pas nager, il lui serait impossible de se soutenir sur l'eau pendant les quelques minutes nécessaires pour assurer son salut.

Il est inutile d'ajouter qu'un pêcheur doit aussi *savoir parfaitement conduire un bateau,* non seulement à la rame, mais avec la pique.

Il est facile de savoir ramer ou godiller ; l'usage de la pique demande un plus long apprentissage.

Ne jamais se servir de *croc* ; c'est un outil extrêmement dangereux, qui souvent s'accroche dans les herbes, résiste, fait tomber le pêcheur ou chavirer son bateau, et presque toujours dans des endroits d'où il est difficile de se dépétrer.

Donc, si vous pêchez de votre bateau ou vous servez d'une embarcation pour gagner votre lieu de pêche, ne le faites qu'en usant d'une sage prudence,

Muni de vos ustensiles et de vos appâts, choisissez votre place ; car, gêné par cet attirail encombrant, il est bon de fuir un bateau trop chargé et conduit par des malhabiles ou des rameurs trop gais.

Évitez les cris, les évolutions et les bravades fantaisistes.

Écartez-vous des endroits trop sillonnés par les embarcations et ne cherchez pas à vous jeter dans les vagues des bateaux à vapeur, pour ressentir économiquement « une idée de la mer ».

Regardez de loin les barrages, les ponts et les canotiers tirant leurs yoles.

Ne vous accrochez pas après les péniches et ne tournez pas autour des lavoirs.

En un mot, rappelez-vous que sur l'eau, plus encore que dans la gendarmerie, la méfiance est mère de la sûreté.

CHAPITRE XXX

PEUPLEMENT ET DÉPEUPLEMENT

La fermeture de la pêche, en ce qui regarde la ligne flottante, est-elle une mesure bien nécessaire?

Nous ne le croyons pas.

Tout d'abord, dans l'innombrable variété de poissons qui peuplent nos fleuves, nos rivières et nos étangs, il en est un certain nombre qui commencent à frayer avant le 15 avril, et d'autres qui sont encore en plein frai après le 15 juin.

Or, la pêche à la ligne flottante ne trouble en rien les poissons occupés à frayer, et la pêche resterait ouverte toute l'année qu'il n'y aurait pas, dans nos cours d'eau, un gardon de plus ou ou une brême de moins.

L'hameçon mobile, qui suit lentement le cours de l'eau, suspendu à sa flotte légère, ne saurait déranger ou effrayer les poissons retirés dans les herbes ou dans les trous profonds des berges et du lit des rivières.

L'arrêté préfectoral pourrait donc sans crainte excepter de sa mesure prohibitive la ligne flottante et réserver toutes ses sévérités pour le filet et les lignes dormantes, toutes ses menaces pour le braconnage et les pêcheurs de nuit.

On répète souvent que nos fleuves se dépeuplent et que le poisson devient de plus en plus rare en France.

Comment pourrait-il en être autrement ?

Sur tous nos cours d'eau, les braconniers pullulent et les gardes-pêche sont impuissants à réfréner le pillage de nos rivières.

Et notez que les braconniers d'eau douce se moquent un peu des arrêtés préfectoraux.

En temps ordinaire, ils travaillent avec des engins prohibés : filets à mailles serrées, diables, seines immenses et silencieuses ; lors de la fermeture, ils pêchent pendant la nuit et dévastent encore mieux et sans plus de péril.

Une nuit de braconnage, surtout à l'époque du frai, dépeuple la rivière vingt fois plus que ne le feraient une centaine de pêcheurs à la ligne dans tout le cours de leur existence.

Montrer le mal, c'est indiquer le remède. Soyez plus clément pour l'innocent pêcheur à la ligne et plus sévère pour le ravageur d'eau douce; surveillez nuit et jour les cantons de pêche; sévissez sans faiblesse, sévissez partout, aussi bien chez le maraudeur que chez le receleur et l'acheteur.

Les vrais pêcheurs vous en sauront gré.

La race des pêcheurs est une race tranquille entre toutes, ne cherchant noise à personne, et stricte observatrice des lois de l'État et des arrêtés de M. le préfet; cependant, il ne faut pas la tracasser outre mesure, sinon elle se révolte, et la révolte des gens calmes est le plus souvent terrible.

Vous rappelez-vous — pardon de cette digression — l'histoire authentique du *Lapin et du Boa*?

J'ai dit que le pêcheur était de race tranquille et ne serai point démenti; je le serai encore moins si j'ajoute que le lapin est un herbivore paisible et peu carnassier, peu cruel par goût et par tempérament; cependant, le lapin, trop malmené, se rebiffe à la fin des fins, et alors c'est un « Jacques » furibond. Jugez plutôt :

Un correspondant de notre Muséum d'histoire naturelle, habitant la Guyane, envoyait souvent au Jardin des Plantes de Paris des reptiles, et surtout ces longs boas si communs sur les bords du Maroni.

Ces serpents étaient emballés dans des caisses solides, prenant jour et air par une étroite ouverture munie d'un treillage serré; pour charmer l'ennui de leur traversée, et, en même temps, pour fournir à ces intéressants ophidiens une nourriture substantielle et saignante, le correspondant mettait dans la boîte un ou deux lapins...

Ainsi choyé, ayant de la chair fraîche à sa portée, le boa arrivait toujours dans d'excellentes conditions à Paris...

Mais, un beau jour, les lapins s'émurent de la façon cannibale dont on leur faisait ainsi remplir le rôle de compagnons de route, et résolurent de se venger.

Notre correspondant avait avisé le « Muséum » qu'il lui envoyait un magnifique boa pour remplacer celui qui s'était étranglé en avalant sa couverture.

La caisse arrive; les employés l'ouvrent avec les précautions ordinaires, car ça remue fort dedans, et le voyageur semble inquiet.

Ils l'ouvrent, et que trouvent-ils? Un magnifique lapin gros et gras, accroupi sur le cadavre à demi dévoré de la couleuvre.

La victime avait étranglé le bourreau et le lapin avait changé les rôles, dévorant pour ne pas être dévoré.

Cette histoire est vraie, et le lapin a été conservé au Jardin des Plantes.

Or, si un lapin se rebiffe à ce point, lui, ce type par excellence de la douceur et de la patience, que ne faut-il pas craindre du pêcheur exaspéré?

« Moi aussi je suis pêcheur », et, franchement, j'avoue que la loi est par trop draconienne.

Je n'ai pas, comme certains le supposent, le

pouvoir de faire changer cette loi: mais il est possible que des plaintes reçues de tous côtés la fassent modifier.

Il est incontestable que, pour des employés qui travaillent toute la semaine, privés d'air et de soleil, dans des locaux malsains, la pêche, le dimanche, par un beau soleil, est un plaisir de roi. Eh bien! quand ces déshérités viennent chercher sur le bord de l'eau, de l'air sain et frais pour six jours, tenant une ligne à la main pour passer le temps et sans grand souci du poisson, il leur est dur de se voir poursuivis tout comme le braconnier qui vient de descendre un gendarme.

Révisez donc cette loi de la fermeture, inutile et vexatoire en ce qui regarde la *ligne flottante tenue à la main*, multipliez les établissements de pisciculture, encouragez les Sociétés, et laissez les petits tranquilles.

Tout récemment, hâtons-nous de l'annoncer, un nouveau laboratoire de pisciculture vient d'être construit à l'aquarium du Trocadéro. Avant d'organiser une installation sérieuse, le conseil municipal avait voulu connaître les résultats du cours de pisciculture créé en 1883.

Le docteur Jousset de Bellesme, directeur de l'aquarium, a donné, à cet égard, les renseignements les plus probants sur les résultats obtenus. L'aquarium sert au repeuplement des cours d'eau du bassin de la Seine, et chaque année, il est pratiqué des fécondations artificielles dont voici les résultats :

En 1885, 50,000 truites ont été lancées dans la Seine, la Marne et leurs affluents. En 1886, 40,000 truites seulement; mais, pour la première fois, on a pu distribuer 22,000 jeunes saumons de Californie, répartis par colonies de 2,000 sur onze points du bassin de la Seine, depuis Rouen jusqu'aux Andelys. Ces saumons, d'une taille relativement grande, — 12 centimètres, — ont été élevés à l'aquarium et mis en liberté au mois de juin.

En octobre suivant, certains de ces poissons, repris dans le Loing et dans l'Iton, mesuraient déjà 22 centimètres. L'acclimatation de ce poisson est très utile, car il est précieux pour nos eaux à cause de la qualité de sa chair, de sa croissance rapide et de sa rusticité.

En 1887, il est à remarquer qu'on n'a pu élever que 10,000 saumons et 40,000 truites, bien que les pontes aient dépassé 100,000. Mais cela tient à l'interruption qui a eu lieu dans la distribution des eaux de la Vanne et son remplacement par l'eau de Seine.

Ce qui se fait pour Paris et les environs devrait exister partout.

Rien de plus utile que les Syndicats de pêcheurs et les Sociétés de pisciculture. Plusieurs existent déjà en France et sont prospères ; elles rendent de grands services.

Je citerai, entre autres, les Sociétés de pêche de Seurre, de Thouars, etc., etc., et la « Société des Pêcheurs de la Somme », dont les premières lignes statutaires méritent une citation :

« Lorsque la Société des Pêcheurs de la Somme s'est constituée, elle ne s'est pas donné uniquement pour but de louer des eaux dans lesquelles elle interdirait à tout le monde la pêche au filet ; elle n'a pas voulu borner son rôle à poursuivre les braconniers ou à établir des concours de pêche.

» Notre Société a pensé que dans toute association : industrielle, commerciale, agricole, il faut semer pour récolter, et que nous ne devions pas échapper à la règle générale. Elle a donc décidé qu'elle s'occuperait de la *propagation d'espèces de poissons étrangers ou peu répandus chez nous, et recommandables par leurs qualités comestibles.* »

Que cet exemple soit suivi, et le « *Crescite et multiplicamini* de l'Évangile ne sera plus un vain mot pour les pêcheurs et les poissons.

Il nous faut encore citer, comme initiative privée, les pêcheurs de Laval qui, émus de la situation faite aux pêcheurs à la ligne ont, de leur côté, remis au préfet de la Mayenne une pétition couverte de 300 signatures et ainsi libellée :

« A Monsieur le Préfet de la Mayenne,

« Les pêcheurs à la ligne de la ville de Laval
» soussignés ont l'honneur d'attirer la bien-
» veillante attention de M. le Préfet de la
» Mayenne sur les pêcheurs de nuit (pêcheurs
» à l'épervier et à autres engins destructeurs)
» dont la moitié au moins est hors la loi. »

» Nous venons demander à M. le Préfet
» qu'il veuille bien, si cela est possible, tolérer

» la pêche à la ligne flottante, qui ne trouble
» en rien les poissons occupés à frayer. »

» Il n'en est pas de même pour les bracon-
» niers (pêcheurs de nuit), qui se moquent un
» peu des arrêtés préfectoraux et qui, par leurs
» moyens destructeurs, réussissent très bien à
» dépeupler nos rivières. »

» Il est reconnu du reste que *cent pêcheurs* à
» la ligne ne peuvent prendre *à eux tous*, pen-
» dant une année, autant de poissons qu'un
» seul pêcheur à l'épervier; et encore chaque
» pêcheur à la ligne a le soin d'emporter chaque
» jour avec lui de quoi nourrir un cent de pois-
» sons pour quelquefois ne pas en prendre un
» seul. »

Approuvées ou non, réussissant ou échouant,
ces pétitions sont excellentes. C'est par l'ob-
session seule que les pêcheurs arriveront à se
faire rendre justice; sans oublier, le cas échéant,
le bulletin de vote qui leur permet encore de
poser des conditions à ceux qui viennent bri-
guer leurs voix.

CHAPITRE XXXI

LES RÉSERVES

Une des questions les plus controversées est certainement celle des « Réserves ».

On désigne sous le nom de *Réserves de pêche* une certaine étendue de fleuve ou de rivière mise en interdit par l'administration, sous le prétexte spécieux de permettre aux poissons de reproduire plus facilement et d'avoir un asile d'où ils puissent narguer hameçons ou filets, et reprendre forces avant de tenter de nouvelles aventures dans les cantons de pêche.

Or, ce que nous disions pour la ligne flottante peut également s'appliquer à ces réserves protectrices.

Établies par la loi du 31 mai 1865, ces réserves

ont assurément raison d'être pour les lignes de fond, les filets et les nasses; mais ces mêmes raisons ne sauraient exister pour la ligne flottante tenue à la main, qui, là encore, est absolument inoffensive.

Et encore, il arrive parfois que ces réserves comprennent un espace de 2,000 mètres et se trouvent situées exactement au centre d'une localité; ici, la mesure devient vexatoire, car l'amateur de pêche à la ligne est obligé, sous peine de contravention, de parcourir plusieurs kilomètres pour se livrer, en toute sécurité, à son plaisir favori.

Cependant, lors de la discussion de la loi sur les réserves de pêche, le commissaire du gouvernement, interrogé sur le fait de savoir si l'on pouvait pêcher à la ligne flottante dans ces réserves, répondit affirmativement.

Pourquoi défendre cette pêche aujourd'hui? Est-ce par une fausse interprétation de la loi? un nouveau décret clandestin aurait-il paru?

Tout porte à faire supposer le contraire; tout paraît devoir accorder à la ligne flottante le droit de s'immerger dans les réserves.

C'est ainsi que l'article 17 de la loi du

10 août 1875, interdisant la pêche lorsque les eaux baissent par suite de chômage, ne doit être appliqué qu'aux lignes de fond et aux filets de tous genres, car il n'est pas fait mention de la ligne flottante.

De même, si le législateur avait voulu interdire la pêche à la ligne flottante tenue à la main, dans les réserves destinées à la reproduction du poisson et pendant le temps du chômage, la loi et les règlements précités l'auraient indiqué d'une façon nette et précise, ainsi que sont énoncées dans la loi de 1829 les prescriptions concernant le temps du frai.

Faudra-t-il que, comme jadis Moriceau voulant établir le droit de mettre du plomb à sa ligne pourvu que la flotte suivît le courant, un pêcheur se fasse arrêter en pêchant dans une « réserve » pour faire établir le droit commun et consacrer le texte de la loi devant les tribunaux ?

Espérons qu'il ne sera pas besoin d'en arriver là et que l'administration voudra bien élucider nettement cette question controversée ; et ce, dans le sens le plus large, c'est-à-dire en permettant aux tranquilles disciples de saint

Pierre de se livrer avec « la ligne flottante tenue à la main », à la poursuite des goujons et des ablettes sans tenir compte des « réserves de pêche » qui resteront seulement interdites aux filets, nasses et lignes de fond.

J'ai reçu nombre de *Mémoires* à ce sujet de MM. J. Marchand, Portrait, Henry Gateau, J. Gallier, Pouillart, L. Blanc, L. Poulin, G. Werner, E. Tardif, Szymanski, Schertag, Alph. Lefebvre, Ed. Gand, Ledru, Th. Berbudeau, etc., etc.., qui tous me signalaient la mauvaise organisation et l'inutilité des réserves établies sur les principaux cours d'eau de notre pays.

Tous ces Mémoires, toutes ces lettres différant peu par la forme, sont identiques par le fond... Publier l'un d'eux c'est les publier tous; car ce qui est vrai pour la Seine, l'est pour la Loire comme pour le Rhône et la Garonne...

Je cède donc un moment la place à M. Cordey, qui résume en peu de mots un historique trop réel des réserves de l'État.

Monsieur,

Vous professez l'opinion que toutes les ré-serves de pêche pourraient sans danger pour la reproduction du poisson être abandonnées aux pêcheurs à la ligne ; tous les pêcheurs pensent comme vous, mais ne serait-il pas intéressant d'examiner les plus connues et les plus détestées de ces réserves, et de prouver combien elles répondent peu au but que l'administration prétend avoir poursuivi en les établissant, à moins que ce but ne soit au fond une simple vexation à l'adresse du pêcheur à la ligne.

Je puis personnellement vous faire la monographie de la réserve du canton de pêche de Pontoise, et c'est un modèle du genre.

Sans cette réserve, Pontoise recevrait tous les dimanches autant de pêcheurs qu'Andresy, Conflans, Poissy, Triel, etc. Deux lignes de chemin de fer y amènent les voyageurs, l'Ouest et le Nord ; le prix du voyage n'est pas très élevé, la rivière est à quelques pas de la gare, et cette rivière, c'est l'Oise, aux pêches quasi miraculeuses ; de Conflans à Pontoise il n'y a que six kilomètres de chemin de fer avec une station intermédiaire, également sur l'Oise, et treize kilomètres de rivière. La réserve de Pontoise a dégoûté les Parisiens de ce voyage ; il y a quinze ans qu'elle existe, on l'a allongée de 800 mètres en 1886. Le pêcheur quittant le train à Pontoise aurait déjà 2,500 mètres à faire pour dépasser l'odieux poteau ; donc, au minimum, cinq kilomètres, aller et retour.

Mais cette réserve qui, bon an mal an, fournit une quarantaine de procès-verbaux, est-elle le moins du monde utile à la conservation du poisson ?

C'est ce que sa forme va nous révéler.

A 500 mètres environ, en aval du pont du chemin de fer qui traverse la rivière pour entrer dans Pontoise, se trouve une petite île, qui divise la rivière en deux bras : à la tête de l'île un déversoir barre le bras droit ; au bas de l'île, sur la rive gauche du grand bras, l'écluse de Saint-Ouen-l'Aumône, puis de l'écluse à l'île, *très obliquement*, un barrage mobile à aiguilles.

La réserve commence 30 mètres environ en amont du déversoir et finit à 1,200 mètres en aval du barrage; elle occupe *les deux bras*, ce qui est assez peu usité.

Dans les remous, les bouillons, disons-nous, des deux chutes d'eau, la pêche serait excellente, si lucrative même que je comprendrais qu'elle fût interdite au moins dans le bras mort, si cette interdiction profitait réellement à la multiplication des poissons.

Le barrage d'aval, par son extrême obliquité, détermine un énorme courant qui vient se briser sur la rive droite, de sorte que le petit bras enfermé entre deux chutes d'eau est bien une véritable réserve, une boutique à poissons pour le brochet qui y atteint des dimensions fantastiques.

Jusque-là ce n'est que bête d'avoir interdit la pêche à l'homme en facilitant à ce point les excès des tyrans d'eau douce, car on s'est bien gardé d'établir, comme la loi le recommande et comme ce serait très facile en cet endroit, une échelle à poissons; mais où ça commence à devenir très malhonnête, c'est qu'au pied de la chute formée par le déversoir sur la rive de l'Oise se trouve l'embouchure d'une petite rivière qui vient s'y jeter après avoir traversé l'usine à gaz de Pontoise, les abattoirs de Pontoise, et diverses propriétés particulières.

Et il n'y a pas de grilles à cette embouchure de la Viosne et le sang des abattoirs y fait monter une bonne partie du poisson de cette précieuse réserve, et là, avec des filets dormants, non surveillés, puisqu'ils sont chez des particuliers, on ramasse, car on ne peut dire qu'on le pêche, tout le poisson que l'on veut.

Voilà la réserve de Pontoise.

Elle n'est établie que contre le pêcheur à la ligne puisque, par suite de l'existence des travaux d'art qu'elle renferme, la grande pêche y est interdite par l'article 15 de la loi du 10 août 1875.

Elle donne passablement de tablature au garde-pêche, à l'éclusier et à la gendarmerie ; mais les ressources que les amendes procurent à l'État sont minces, on n'y prend guère que des insolvables.

II

Cette administration si soucieuse de l'existence du poisson et du confortable des brochets, des perches et de l'anguille, qui fait observer très strictement les périodes d'interdiction, ne se gêne nullement pour détruire d'un seul coup la plus grande partie du frai d'une saison.

La veille de l'ouverture de la pêche (15 juin) commence en amont de Pontoise le chômage sur la rivière canalisée d'Oise, c'est-à-dire qu'on abaisse les barrages et qu'on ouvre les écluses et le niveau de l'eau baisse en quelques heures d'un mètre et plus (il n'y a pas de chômage en aval) ; cela dure un mois et, en vertu de l'art. 17 de la même fameuse loi du 10 août, la pêche est encore interdite, ce qui fait pour les heureux riverains trois mois de prohibition.

Mais ici la question s'élève.

Que devient le frai déposé d'avril en juin sur les herbes de la rive, brusquement mises à sec ? Je le demande à M. Coste ? que deviennent les œufs déposés par les femelles retardataires sur les nouveaux bords déterminés par l'abaissement du niveau ; un mois plus tard ils sont recouverts d'un mètre d'eau, en plein courant, et je doute qu'ils reçoivent là-dessous la douce excitation des rayons solaires qui devait les faire venir à bien.

Si les questions qui concernent la reproduc-

tion des poissons sont encore obscures, laissez
les poissons et le pêcheur se débrouiller. En général la carpe pleine et le gardon amoureux
montrent peu d'enthousiasme pour la plus friande
amorce, quoique j'aie souvent pris en mars, en
février même, des chevennes femelles pleines
d'œufs, il m'est arrivé également de prendre en
juin, juillet même, et cela arrivera notamment
cette année, des brêmes dans une position très
intéressante ; mais tous les pêcheurs savent
que le poisson malade ne mord pas et en effet il
mord très peu, il est donc absurde d'interdire la
pêche à la ligne sous prétexte de frai, mais cela
on l'admet encore ; ce qui est inadmissible, c'est
qu'après avoir imprimé je ne sais combien de
milliers d'affiches, deux fois par an, puisque du
31 octobre au 31 janvier la pêche du saumon, de
l'ombre-chevalier et du lavaret (qu'est-ce que le
lavaret?) est interdite et que cette interdiction
est affichée dans des pays où l'on n'a vu du saumon qu'en boîte de conserve ou fumé, après
avoir dérangé vingt mille maires, autant de
gardes champêtres au moins, car ces belles
choses se publient à son de caisse ; ce qui est
inadmissible, dis-je, après tout cela, c'est de faire

sécher au soleil du solstice d'été ce frai très précieux et très illustre, car il y sèche, n'en doutez pas.

L'administration ressemble à une ménagère qui, ayant mis couver des centaines d'œufs, condamné des poules à des semaines d'immobilité, irait chercher la matière première de ses omelettes sous les ailes de ses poules. Quelles bonnes omelettes, et quelle ribambelle de poussins !

Ma lettre est longue et je vous en fais mes excuses, d'autres vous auront peut-être dit, plus brièvement et mieux, ce que je viens de vous écrire, mais vous avez fait appel à tous les disciples de saint Pierre ; j'en suis et des plus fervents ; si vous voulez contrôler mes dires, ce sera du vrai dévouement pour notre cause. Je suis à votre entière disposition pour vous montrer les lieux et les faits : j'habite à deux kilomètres de l'écluse de Saint-Ouen l'Aumône, à cinq minutes d'une gare de l'Ouest, et nous sommes en plein chômage.

Agréez, monsieur le rédacteur, les salutations empressées d'un malheureux qui partage avec vous une passion qui ne lâche pas facilement son homme.

CORDEY,

Ce qui se passe à Pontoise se passe dans toutes les villes situées près d'un cours d'eau; on voit que l'on retrouve, partout la même, cette administration que l'Europe nous envie.

C'est pourquoi, ma conclusion sera simple : Ouvrez les « réserves » aux pêcheurs à la ligne; nos fleuves et nos rivières n'en seront pas dépeuplés.

Quant à nos gardes-pêche, au lieu de guetter le petit pêcheur et de ligoter l'amateur de goujons, ils occuperont plus utilement leurs loisirs en traquant et détruisant les loutres intelligentes qui, généralement, viennent habiter les fameuses « réserves », où elles trouvent bon souper et bon gîte. Or, une seule loutre ravage une rivière autrement que plusieurs centaines de pêcheurs à la ligne et il est certaines « réserves » où les loutres se rencontrent par douzaines; il en résulte que ces dites « réserves », bien loin de préserver le poisson, sont cause de sa destruction presque absolue.

Nous le répétons, les vieilles lois concernant les « réserves » et « fermetures », sont à reviser.

CHAPITRE XXXII

LES CONCOURS DE PÊCHE

Jusqu'à ce jour, les pêcheurs à la ligne se trouvaient dans une sorte d'infériorité dans ce « Monde des sports » où ils occupent cependant une si large place.

Les amateurs de courses hippiques avaient leurs concours et leurs hippodromes, les partisans du canotage, leurs luttes et leurs championnats ; de même, les chasseurs, les vélocipédistes, les escrimeurs, les paumiers, les patineurs, etc., etc.

Aujourd'hui, cet état d'infériorité n'existe plus ; de tous côtés s'organisent des concours de pêche à la ligne, des luttes de pêcheurs ; luttes de patience, de finesse, de science, de ruse et d'outillage.

C'est ainsi que les villes et les particuliers convoquent à des tournois silencieux et féconds en péripéties multiples les partisans de la pêche à la ligne et que l'art de capturer le fugitif habitant des ondes se répand de plus en plus et devient l'objet de réunions fort intéressantes et très suivies.

Nous avons eu ainsi plusieurs concours de ce genre sur les bords de la Seine, dans les environs de Paris; le Rhône, la Loire, la Saône, etc., etc., ont de même été le théâtre de combats pacifiques dont les vainqueurs se montraient aussi fiers des récompenses obtenues que s'ils avaient gagné leurs prix à tirer des pigeons à Nice ou à monter le gagnant d'un steeple-chase à Auteuil.

Après les fleuves et les rivières, voici le tour des canaux, et je puis dès aujourd'hui annoncer que le canal de l'Ourcq, affermé par M. Duverger, servira dorénavant de champ clos pour les pêcheurs à la ligne des environs.

Là se mesureront les fins preneurs de carpes et les piqueurs de barbillons; les rois du brochet et les maîtres ès gardons, les licenciés en brêmes et les bacheliers du goujon.

Médailles et mentions seront distribuées aux élus qui seront nombreux, car nombreux seront les appelés.

Jusqu'alors les concours les plus réputés avaient été ceux des villes de Thouars et de Seurre.

Celui de la ville de Thouars qui a lieu sur le Thouet, date de 1886, et a été exceptionnellement brillant en 1887, ce qui est d'un bon augure pour les années suivantes.

Sous la présidence de M. V. Leclerc, maire de la ville de Thouars, assisté de MM. A. Dupin, Emile Griffon, G. Cirtus, E. Frogé, H. Bénéteau, Berge, Lepage, P. Picard, Gaudin, L. Picard, Grabot, Boussinot, Thierry, Guiard, Lemiale, Thériton, etc., etc.; ce concours a obtenu un plein succès.

Nous donnons, ci-dessous, le règlement de ce Concours, réglement qui peut être considéré d'une manière générale comme celui de tous les concours de pêche :

ARTICLE PREMIER. — Il est organisé à

Thouars (Deux-Sèvres), sur la rivière le Thouet, UN DEUXIÈME GRAND CONCOURS DE PÊCHE A LA LIGNE.

ART. 2. — Les personnes de tout sexe et de toute nationalité sont mises à même d'y participer, à la condition expresse de se conformer aux prescriptions du présent Règlement.

Les étrangers sont assurés de trouver à Thouars l'accueil le plus sympathique. Les membres du Comité sont à leur disposition pour tous les renseignements dont ils auront besoin.

ART. 3. — Chaque personne désirant prendre part à ce Concours devra en faire la demande au Comité, qui lui délivrera une carte moyennant le prix de 1 FRANC.

ART. 4. — La pêche à la ligne sera seule admise. Chaque pêcheur n'aura droit qu'à 3 lignes tendues, mais chacune d'elles pourra recevoir plusieurs hameçons.

ART. 5. — Les amorces et appâts de toute nature, non défendus par la loi, seront seuls autorisés.

ART. 6. — Le Concours aura lieu en amont de Thouars, dans un endroit qui sera désigné la veille du Concours. L'emploi de bateaux ou canots est formellement interdit.

ART. 7 — Le Concours commencera au lever du soleil et sera clos à dix heures. Un signal quelconque en indiquera la fermeture.

ART. 8. — Chaque place sera numérotée et tirée au sort. Une fois installé, chaque pêcheur pourra exiger qu'aucun autre concurrent ne s'approche de lui à une distance de moins de 5 mètres de chaque côté de l'emplacement marqué. Le Comité, dans cette circonstance, fera tous ses efforts pour choisir les meilleurs emplacements, mais il ne sera accordé aucune place de faveur. Des changements de place pourront être autorisés à la condition toutefois de prévenir un Commissaire et de se conformer aux dispositions ci-dessus.

ART. 9. — Les pêcheurs qui, dans le but de nuire à leurs concurrents, feraient du bruit ou jetteraient des objets quelconques dans la rivière, seront exclus du Concours.

ART. 10. — Pendant la durée du Concours, des Commissaires portant un signe distinctif seront chargés de surveiller et, au besoin, de réprimer la fraude de quelque nature qu'elle soit. Tout concurrent trouvé en contravention aux articles qui précèdent se verra retirer sa carte et, par suite, sera déchu de tous droits au Concours. Les poissons déjà pris par lui seront confisqués.

ART. 11. — Des prix seront décernés aux plus adroits :

1° Aux pêcheurs qui auront pris le plus beau lot de poissons;

2° A ceux qui auront pris les plus gros ;

3° A ceux qui en auront le plus grand nombre.

Le Jury sera seul juge en cette circonstance.

ART. 12. — D'autres prix seront, en outre, décernés aux pêcheurs dont l'outillage comprendra les derniers progrès de la science; il y aura aussi un prix d'éloignement.

ART. 13. — La possession d'une carte de Concours sera considérée, pour le porteur, comme une acceptation tacite aux dispositions du présent Règlement.

ART. 14 ET DERNIER. — L'échange du poisson est formellement interdit; ceux qui commettront cette fraude seront mis hors concours.

Si nous avons donné cet aperçu du concours de Thouars comme spécimen, il nous est impossible de ne pas mentionner le concours de la ville de Seurre, qui, grâce à l'impulsion donnée par M. J. Gallier-Bouchard et sous les auspices de pêcheurs émérites tels que : MM. Laureau, Roidot, P. Bergerot, Bleuzet, Decombard, Miconnet, Bargeon, Coulet-Baroche, A. Javouhey, Guyotte, etc., etc., se place aujourd'hui au premier rang des concours sérieux de pêcheurs à la ligne.

Déjà en 1886, les lauréats du concours de Seurre avaient été nombreux, venus un peu de tous les points de la France, ils se nommaient :

Mᵐᵉˢ Degoix, de Paris ; Morizot, de Seurre ; Lafleur, de Dijon ; Léger, de Seurre.

MM. J. Bouchard, de Seurre ; Saurin, de Paris ; A. Michaud, Millerot, de Seurre ; J. Michaud, C. Montenot, de Dijon ; Sergent, de Seurre ; Jacquemont, Fagot, de Dijon ; Besuquet, de Paris ; Lechenaut, de Jallanges ; Lagalisse (Valentin), Lagalisse (Georges), de Pouilly ; Terraillon, Maréchal, Degoix, de Paris ; Beauchoux (fils), de Dole ; Rabier, de Dijon ; VALLEROT, de Seurre ; CLUSIER, de Fontaine ; BEAUCHOUX, de Dole ; BONNEFOY, de Seurre ; VAUSTIENNE, de Dijon ; KLEIN-PARDON, de Gray ; LANCE, de Besançon ; ALEXANDRE, de Bourganeuf ; BROCOT, MEULLENOT, LAFLEUR, BOUGENOT, TEISSSIÈRE (DE), BERGEROT, JACOTTOT, THIBERT, BORNET, CLOUZEAU, de Dijon ; PAILLOT, de Beaune ; BOUCHARD, de Val-Suzon ; BOUILLET, de Mâcon ; ELAGEY, de Meloisey ; BÉZUILLET, de Ladoix ; BERNARD, de Dijon ; BLOCH, de Talant ; LENOBLE, d'Auxev ; BOULARD, MERCIER, MICONNET, ROSSIGNOL, GALLIER, LAUREAU, BLEUZET, POURROT, de Seurre.

Le concours de 1887 n'eut rien à envier à celui de 1886 ; il eut lieu le 14 août, et fut célébré comme une fête régionale. Cent cinquante amateurs environ avaient répondu à l'appel du comité d'organisation, parmi lesquels une quarantaine des départements circonvoisins et cinq de Paris.

Voici du reste, comme exemple et à titre d'encouragement, la liste des lauréats de ce concours :

1re CATÉGORIE

Aux plus belles pièces. — 1er prix, MM. César Moutenot, de Dijon. — 2e, Jean-Baptiste Perceret, de Seurre.

A la plus grande quantité (poids). — 1er prix, MM. Droux, de Charnay-les-Chalon. — 2e, Albert Gallier, de Châtillon-sur-Seine.—3e, Pierre Forge, de Seurre.

2° CATÉGORIE

Aux plus belles pièces. — 1er prix, MM. Joseph Michaud, de Dijon.—2e, Jérôme Lécuyer, de Seurre. — Charles May, de Dijon. — Bolandar, de Paris.

A la plus grande quantité (poids). — 1er prix, MM. Jacquemond, de Dijon. — 2e, Degoix, de Paris. — 3°, Argenton, de Dijon. — 4e, Rabier, de Dijon. — 5e. Bézuquet, de Paris. — 6°, Beauchoux, de Dole. — 7e, Eugène Perrin, de Di-

jon. — 8ᵉ, Mouret, de Dijon. — 9ᵉ, Goux fils,
de Dijon. — 10ᵉ, Monfageon, de Dijon. —
11ᵉ, Bornet, de Dijon. — 12ᵉ, Clouzeau, de Dijon.

3ᵉ CATÉGORIE

1ᵉʳ prix, MM. Auguste Marichal, de Seurre.
— 2ᵉ, Justin Bonnefoy, de Seurre. — 3ᵉ, Emile
Girard, de Magny-les-Villers.

Pêche des dames. — 1ᵉʳ prix, Mᵐᵉˢ Lambert,
de Dijon. — 2ᵉ, Dehoix, de Paris. — 3ᵉ, Bretin,
de Paris. — 4ᵉ, Morizot, de Seurre.

Pêche réduite des enfants. — 1ᵉʳ prix, André
Lahoussay, de Seurre. — 2ᵉ, Mˡˡᵉ Juliette Gallier, de Seurre. — 3ᵉ, Auguste Moutenot, de
Dijon. — 4ᵉ, Victor Beauchoux, de Dole. —
5ᵉ, Camille Moron, de Seurre. — 6ᵉ, Mˡˡᵉ Poir-
son de Seurre. — 7ᵉ, Auguste Quenat, de
Seurre.

Prix d'éloignement. — MM. Bolandard, de
Paris. — Degoix, de Paris. — Mercier, de
Paris.

Prix de perfectionnement. — M. Alexandre, de Bourganeuf.

Médailles-primes. — Mmes Bernard, de Paris. — Lafleur, de Dijon. — Fouqué, de Dijon. Bourgeois, de Dijon. — Mlles Berthet et Jacquemond, de Dijon. — MM. Ory, de Semur. — Valentin Lagalisse, de Seurre. — Mlle Marie Lagalisse, de Seurre. — MM. Mauquin, de Dijon. — Lafleur, de Dijon. — Brocot, de Dijon. — Jacotet, de Dijon. — Terraillon, de Dijon. — Gérin, de Dijon. — Emile Guillien, de Seurre. — Alphonse Beruchoux, de Dole. — Gaspard Dunser, de Châtillon. — Emile Royer, de Seurre.

Enfin, pour clore la série, mentionnons en terminant les « Prix et Mentions littéraires » décernés à MM. Joseph Montet, chroniqueur du journal la *Paix*, de Paris. — Fernand Laffon, chroniqueur au *Petit Journal*, de Paris. — M. Revel, chroniqueur du *Petit Moniteur universel*, de Paris. — Gastecloux, chroniqueur du journal la *Lanterne*, à Paris ; Armand Chaperon et Monnot, à Seurre.

Nous avons insisté au sujet des concours, car nous aimerions à les voir se généraliser ;

rien n'étant plus propre à développer l'art et le goût de la pêche à la ligne et à permettre aux disciples de saint Pierre de défendre leurs intérêts et leurs droits tout en resserrant les liens de confraternité qui doivent unir tous ceux qui savent manier un scion, empiler un hameçon, ferrer une brême ou piquer un brochet.

CHAPITRE XXXIII

L'ÉPUISETTE

La gaîté n'est pas encore morte en France, et, si parfois elle disparaît des bals masqués et des fêtes foraines, nous la retrouvons encore devant les tribunaux.

Voici en effet un jugement qui fut rendu au mois d'août 1887 par le tribunal de Charleville ; le faire précéder de commentaires serait en affaiblir la préciosité :

> Ecoutez, gens de province,
> Et vous de Paris aussi...

D'après ce jugement, « le pêcheur à la ligne, qui pour sortir un poisson de l'eau, se sert d'une *épuisette*, commet le délit de pêche, prévu par les articles 5, 28, 41 de la loi du 15 avril 1829 et par l'article 9 du décret du 10 août 1875. D'après les juges de Charleville, l'épuisette dont les mailles n'ont pas la dimension réglementaire, constituerait un engin prohibé. »

Comme ce jugement, nouveau en la matière, intéresse tout le monde de la pêche, nous croyons devoir en reproduire les principaux considérants :

« Le Tribunal,

» Attendu, en fait, qu'il résulte d'un procès-verbal régulier, que le 28 juin 1887, les prévenus ont, sur le territoire de Charleville, pêché tous deux dans la rivière la Meuse, au lieu dit Sous-les-Roches, dans un cantonnement dont ils ne sont ni adjudicataires ni permissionnaires ;

» Qu'il est établi que Sizaire, muni d'une ligne flottante, a voulu tirer de l'eau un poisson pris à son hameçon, et que Servais, craignant que ce poisson n'échappât, a employé, pour éviter ce résultat, un filet dit épuisette, emmanché d'un bâton de 2 mètres 50 centimètres de longueur et n'ayant pas les mailles de dimension réglementaire ; que, ce faisant, il s'est rendu complice par aide et assistance, du fait ci-dessus spécifié, qui constitue, selon la prévention, le double délit de pêche sans la permission du propriétaire et de pêche avec un engin prohibé ;

» En droit : Attendu que le droit de pêche est exercé au profit de l'État dans tous les fleuves, rivières, canaux ou autres lieux indiqués dans la loi, dont l'entretien est à la charge de l'État, qui cède ce droit à des adjudicataires ou fermiers ;

» Attendu que la loi du 15 avril 1829, après avoir posé ce principe dans son article premier, a, par son article 5, réprimé tous les faits de pêche commis sans la permission de celui a qui le droit de pêche appartient;

» Qu'à la vérité l'article 5 fait, dans son dernier paragraphe, une exception à la règle générale, en permettant à tout individu de pêcher à la ligne flottante tenue à la main; mais que cette exception doit être strictement renfermée dans les limites fixées par les termes mêmes de la loi; que la pêche permise, quand elle a lieu à l'aide de la ligne flottante tenue à la main, cesse donc de l'être, lorsqu'à ce mode permis le pêcheur substitue ou joint un autre mode auxiliaire qui ne l'est pas ; que c'est évidemment ce qu'il y a lieu, si l'instrument autorisé ne suffit pas à lui-même, et si, pour le faire fonctionner, on a recours à l'emploi d'autres procédés ou appareils adjuvants, quelle que soit leur nature.

» Attendu qu'au cas particulier, les prévenus, en se servant, pour saisir le poisson qui pouvait tomber de la ligne, d'un filet destiné à le recevoir, *ont, par cela même, cessé de pêcher à la ligne flottante tenue à la main, c'est-à-dire qu'après avoir commencé une pêche permise, ils lui ont, en ce moment, substitué un mode de pêche prohibé ;*

» Que, dans ces circonstances, il importe peu que le filet dont il est fait usage ait ou non des mailles de la dimension règlementaire, le délit consistant non dans la nature de l'engin employé, mais dans l'emploi même de l'engin substitué ou ajouté à la ligne flottante, cet emploi ou cette adjonction constituent, à eux seuls, le délit de pêche sans la permission du propriétaire ;

» Attendu qu'indépendamment de ce premier délit, les prévenus en ont commis un second en faisant usage d'un engin de pêche prohibé par les ordonnances, puisqu'il est établi que les mailles du filet dit épuisette, dont ils se sont servis, n'avaient pas la dimension voulue par les règlements et arrêtés ;

» Attendu que ces délits sont prévus et réprimés par les articles 5, 28, 41, de la loi du 15 avril 1829, 9 du décret du 10 août 1875, 59 et 60 du Code pénal ;

» Attendu, néanmoins, qu'il existe en faveur des prévenus, des circonstances atténuantes, et qu'il y a lieu de leur faire aussi application de l'article 72 de la loi du 15 avril 1829 ;

» Par ces motifs,

» Déclare Sizaire et Servais coupables d'avoir sur le territoire de la commune de Charleville, le 28 juin 1887, ensemble et de concert, en tout cas de complicité, contrevenu aux règlements sur la police de la pêche :

» 1° En pêchant dans une rivière navigable avec un engin autre que la ligne flottante sans la permission du propriétaire de la pêche ;

» 2° En pêchant à l'aide d'un filet n'ayant pas les mailles d'une dimension réglementaire ;

» Et leur faisant application des articles précités dont le président a donné lecture.

» Et aussi des articles 194 du Code d'instruction criminelle, 55 du Code pénal, 9 et 1 des lois du 22 juillet 1867 et 19 décembre 1871 :

» Les condamne chacun à deux amendes de 5 francs chacune et solidairement aux frais ;

» Prononce la confiscation de l'engin saisi ;

» Fixe au minimum la durée de la contrainte par corps. »

Ce jugement, est-il besoin de le dire, provoqua un immense éclat de rire dans le monde des pêcheurs. Eh quoi ! l'épuisette subversive ? Mais bientôt le panier de pêche serait considéré comme révolutionnaire... !

Fort heureusement les juges de Charleville ne font pas la loi en France ; les pêcheurs peuvent se rassurer et se servir encore de l'épuisette.

Venu, peu après, en appel, ce jugement fut cassé avec tous les honneurs qui lui étaient dus ; en effet : d'après un arrêt rendu par la cour d'appel de Nancy en chambre correctionnelle le 8 du mois de décembre 1887, il résulte que la police fluviale excède ses pouvoirs en instrumentant contre ceux qui emploient l'épuisette pour capturer les poissons déjà pris à la ligne des pêcheurs. L'acquittement des sieurs Sizaine et Gervais le démontre avec des considérants pleins de logique et servira de précédent dans le cas où un procès-verbal pareil à celui qui a été dressé contre eux serait dirigé contre d'autres pêcheurs.

CHAPITRE XXXIV

LES TRANSPORTS. — ÉTANGS ET VIVIERS

La fin de janvier et le commencement de février sont terribles pour les pêcheurs, et, à part quelques enragés qui s'acharnent encore après les brochets, la plupart des disciples de saint Pierre se tiennent sagement au coin du feu.

Certes, je ne blâme point les intrépides qui, sans souci des intempéries, vont jeter leurs lignes dans les eaux jaunâtres de nos fleuves ; il est beau de mépriser le vent, la neige, la pluie et la bise, mais en revanche, il est dur d'attraper des rhumes, des bronchites et des rhumatismes pour le restant de ses jours.

Cependant, la mauvaise saison que nous traversons est mise à profit pour repeupler les rivières et les étangs et nous préparer ces gras brochets, ces carpes succulentes et ces truites superbes qui font l'ornement de nos tables.

Si le printemps et l'été appartiennent aux pêcheurs, l'automne est aux enfants perdus de la ligne et du filet, mais l'hiver reste aux pisciculteurs.

Etant données la délicatesse du poisson et la fragilité de sa vie, on comprend aisément que de toutes les saisons, la plus favorable au transport des habitants de l'eau est l'hiver, à moins que le froid ne soit très rigoureux. Le printemps et l'automne le sont beaucoup moins que la saison des frimas ; mais il faut toujours les préférer à l'été. La chaleur aurait bientôt fait périr des individus accoutumés à une température assez douce, et d'ailleurs ils ne résisteraient pas à l'influence funeste des orages qui règnent si fréquemment pendant l'été.

Il ne faut exposer aux dangers du transport que des poissons assez forts pour résister à la fatigue, à la contrainte et aux autres inconvénients de leur voyage. A un an, les poissons seraient encore trop jeunes, l'âge le plus convenable pour les faire passer d'une eau dans une autre est celui de trois ou quatre ans.

On ne remplira pas entièrement d'eau les tonneaux dans lesquels on les renfermera. Sans cette précaution, les poissons montant avec rapidité vers la surface de l'eau, blesseraient leur tête contre la paroi supérieure du récipient dans lequel ils sont placés.

Ces tonneaux devront d'ailleurs présenter un assez grand espace.

Quelle que soit la température de l'air, il faut qu'il y ait toujours une communication libre entre l'atmosphère et l'intérieur du tonneau, soit pour procurer aux poissons l'air qui leur est nécessaire, soit pour laisser échapper les miasmes qui se forment en abondance dans tous les endroits où les poissons sont réunis en très grand nombre.

Il est nécessaire, si l'on veut conserver en vie, malgré un long trajet, des truites, des brochets ou d'autres poissons qui périssent facilement ou se plaisent au milieu d'une eau courante, de changer souvent celle du tonneau dans lequel on les renferme. Pour peu que l'on craigne les effets de la chaleur on voyagera la nuit, et l'on évitera avec le plus grand soin, en maniant les poissons, de les presser, de les froiser et de les heurter.

Cependant, lorsque le temps sera froid, on pourra transporter des anguilles, des carpes, des brèmes et d'autres poissons qui vivent assez longtemps hors de l'eau, sans employer ni tonneau, ni voiture, en les enveloppant dans de la glace ou dans des feuilles grandes, épaisses et fraîches, telles que celles du chou et de la laitue. Un moyen presque semblable a réussi sur des brèmes que l'on a transportées vivantes à plus de vingt lieues. On les avait entourées de neige et on avait mis dans leur bouche un morceau de pain trempé dans de l'eau-de-vie.

Personnellement parlant, je ne me suis jamais essayé à transporter de la blanchaille ; mais il m'est arrivé de porter de Samois à Paris — 16 lieues environ — des anguilles, des tanches et des brochets qui, dûment enveloppés d'horties, se trouvaient encore vivants entre les mains de la cuisinière. L'an dernier même, je pris dans la Marne, à Nogent, vers les sept heures du matin, un barbillon pesant cinq livres environ ;

je le portai à Vincennes par une belle matinée d'été, entouré d'horties et d'une toile bien mouillée ; ce barbillon, placé aussitôt mon arrivée dans un bassin plein d'eau vive, reprit ses sens et se mit à agiter ses nageoires en quelques minutes ; une heure après, il nageait, comme s'il n'avait jamais quitté son élément.

Il est vrai que, par un juste retour des choses d'ici-bas, deux heures plus tard il flottait dans un coulis savant et ne reparaissait sur la table que pour disparaître sous les éloges et les mâchoires de convives enthousiastes, méritant que l'on gravât sur son arête dernière :

Omne tulit punctum qui miscuit utile dulci.

De Nogent à Vincennes, le trajet est de trois quarts d'heures environ.

C'est, du reste, avec des précautions analogues que, dès le XVIe siècle, on a répandu dans plusieurs contrées de l'Europe les espèces précieuses de poissons dont on était privé. C'est en les employant qu'il paraît que Maschal a introduit la carpe en Angleterre, vers 1514 ; que Pierre Osce l'a donnée au Danemark en

1550 : qu'à une époque plus rapprochée, on a naturalisé le sterlet en Suède et en Poméranie, et qu'on a peuplé de cyprins dorés de la Chine les eaux, non seulement de France, mais encore d'Angleterre, de Hollande et d'Allemagne.

*
* *

Ce transport du poisson d'eau douce nous amène à parler des étangs et des viviers. En hiver les plus belles pièces que l'on voit aux Halles ne proviennent ni des rivières, ni des fleuves ; la pêche à la ligne est trop difficile et le rendement du filet est trop aléatoire à cette époque de l'année pour nous procurer les différentes espèces qui paraissent sur nos tables.

Les étangs eux-mêmes n'offrent plus leurs hôtes, car généralement ils ont été pêchés vers le mois d'octobre ; les grands fournisseurs de nos estomacs sont, à cette époque, les viviers et les réservoirs.

Les fleuves et les rivières nous donnent le poisson, l'étang vient après pour réunir et faire fructifier les espèces les plus productives ; puis le vivier pour conserver les pièces dont on aura bientôt besoin; enfin le réservoir, sorte de garde-manger, ou le poisson attend l'heure de la friture et du court-bouillon.

Les grands étangs sont nécessaires aux pisciculteurs et surtout aux marchands de poissons ; l'élevage du poisson est d'un assez bon rapport.

On emploie généralement pour l'empoissonnement des étangs : la carpe, le brochet et la tanche. On peut y ajouter la perche et quelques autres poissons.

Cependant on trouve encore dans les grands étangs des vandoises, des chevennes, des gardons, des vérons, etc., etc., dont la principale utilité me paraît être de servir de nourriture aux amateurs de chair fraîche de la pièce d'eau.

La carpe est le meilleur produit des étangs. On ne doit pas la pêcher avant l'âge de trois ans au moins ; elle pèse alors environ cinq cents grammes. A quatre ans, elle pèse un tiers de plus ; elle est alors plus grasse et de meilleur goût. Plus tard, elle grossira encore, mais non dans la même proportion, et loin d'offrir du profit au propriétaire de l'étang, elle deviendra pour lui une cause de perte, car une carpe, au bout de dix ans, pèsera peut-être six kilogrammes, mais elle fera perdre au fond plus qu'un cent d'empoissonnage par la nourriture qu'elle aura consommée.

La fécondité des carpes est tellement prodigieuse que, si on laisse l'étang sans brochets, il est bientôt inondé de *feuilles* — on appelle *feuilles* les tout jeunes carpillons — et d'empoissonnage qui se nuisent réciproquement. Mais il ne faut pas abuser du brochet, car le remède serait bientôt pire que le mal ; tout au plus faut-il mettre quinze ou vingt brochetons de la grosseur du doigt par mille feuilles et, encore, faudra-t-il pêcher ces brochets après un an, leur besogne d'élimination sera, dès lors, suffisamment accomplie.

Les hivers neigeux sont funestes aux poissons d'eau douce et particulièrement aux carpes. S'il est inutile de casser la glace des étangs au-dessus des endroits où l'eau a beaucoup de profondeur et où le poisson aime à se réfugier pendant l'hiver, il est par contre nécessaire de briser les glaçons sur les bords de l'étang ou dans les endroits peu profonds. Un excellent procédé pour empêcher les étangs de se congeler entièrement et laisser toujours l'air libre en communication directe avec les eaux, consiste à immerger verticalement des bottes de paille retenues au fond de l'eau par une corde et un pavé, de telle sorte que la moitié de ces bottes plonge dans l'eau et l'autre moitié soit en dehors. La glace s'arrête autour des fétus, l'air pénètre ainsi sans difficulté sous la surface des eaux solidifiées et le poisson peut venir respirer et regarder les étoiles par ces minces télescopes, tout comme les badauds autour de la colonne Vendôme.

Le brochet occupe le second rang parmi les poissons d'étang. C'est d'ailleurs celui dont la valeur vénale est la plus élevée. On a remarqué qu'un brochet de 500 grammes, mis avant l'hiver dans un étang bien peuplé de petits poissons, et surtout de jeunes tanches, croîtra de 500 grammes par mois, durant l'été suivant ; mais arrivé à une certaine grosseur telle que 3 kilogrammes, il consommera infiniment plus et mettra beaucoup plus de temps pour atteindre

5 kilogrammes qu'il n'en a mis pour arriver à 3.
On a remarqué que pour augmenter son poids
de 1 kilogramme, le brochet consommera
10 kilogrammes de tanches : pour être plus
explicite : un brochet de 3 francs ne parvient à
ce prix qu'après avoir consommé pour 50 francs
de blanchaille.

Si le brochet est un bon poisson d'étang, je
n'en dirai pas autant de la perche qui s'y déve-
loppe mal : l'anguille se confine trop dans la
vase, la truite n'y vit pas. Quant aux tanches,
il faut les mêler au carpes dans la proportion de
25 pour 100.

Mais tout le monde n'est pas pisciculteur,
tout le monde n'est point marchand de poisson
et ne saurait s'occuper d'empoissonner et d'entretenir un étang.

En dehors de l'étang, il reste place pour un
vivier, et chacun peut se créer une petite pièce
d'eau destinée à conserver, à engraisser même
le poisson pour les besoins journaliers. L'utilité
et l'agrément d'un vivier sont incontestables à
la campagne. C'est une précieuse ressource
pour la ménagère et un appoint précieux pour
un repas improvisé.

Les viviers sont particulièrement destinés à trois espèces de poissons : aux carpes, aux tanches et aux brochets ; cependant, rien n'empêche d'y adjoindre d'autres espèces. Il est bon toutefois de mettre les brochets à part, car ces requins d'eau douce éviteraient rapidement à la cuisinière le soin de tuer et de préparer leurs camarades de prison

Un vivier doit être placé dans un endroit bien aéré et exposé au soleil ; l'eau doit être assez profonde pour qu'en été elle ne s'échauffe pas au point de faire périr le poisson.

Le vivier doit être alimenté par une source, si petite soit-elle ; les seules eaux pluviales mettraient rapidement le poisson dans un piteux état. Certains amateurs préfèrent les viviers façonnés avec de la glaise et de l'argile ; la maçonnerie me paraît supérieure.

Le poisson dans le vivier s'engraisse comme une volaille dans la mue ; tous les détritus de table et les restes de la cuisine forment une excellente nourriture.

Pour l'engraissement des poissons, les Chinois sont nos maîtres et obtiennent, à force de riz, des résultats merveilleux. On sait que les

Romains possédaient des viviers fameux, et les murènes nourries d'esclaves sont un de nos souvenirs classiques.

En résumé, le vivier est un passe-temps agréable pour le pêcheur condamné à l'inaction et forme une ressource pour le garde-manger.

En dehors de quelques brochets affamés et de chevennes goulus, la pêche ne donne rien aux mois d'hiver ; il est cependent des amateurs qui, de temps à autre, sont enchantés de voir un poisson d'eau douce sur leur table.

Pendant les frimas, hors du vivier peu de salut, car je suis de l'avis d'Alphonse Karr, qui écrivait jadis : « Il y a deux espèces de poisson : le poisson frais, et celui qui ne l'est pas. »

Le premier est toujours bon, fût-ce une ablette ; le second, fût-ce une truite, ne vaut rien.

Et le meilleur moyen d'avoir du poisson frais est de l'avoir vivant sous la main.

CHAPITRE XXXV

DICTIONNAIRE ET QUESTIONNAIRE

Nous ne voulons pas, en ce chapitre, faire un dictionnaire de pêche ni donner un questionnaire complet ; nous avons seulement à cœur de remplir une promesse que nous avons faite à nos lecteurs et correspondants de la première heure.

Le volume paie ici la dette du journal et nous venons nous libérer de l'engagement que nous avons pris alors que nous faisions paraître le « Monde des Pêcheurs » dans le *Petit Journal*, de répondre à toutes les demandes et de prendre bonne note de tous les sages conseils :

APPATS

Nous avons indiqué tous les appâts connus ; quant aux *eaux magiques*, nous ne les avons jamais utilisées et il nous est difficile d'en recommander.

CANAUX

La pêche à la ligne est absolument permise dans les canaux et contre-fossés navigables ou flottables, dont l'entretien est à la charge de l'État ou de ses ayants cause ; sont exceptés les canaux creusés dans des propriétés particulières et entretenus aux frais des propriétaires.

CHOMAGE

La loi ne parle pas du chômage des canaux ; cependant un arrêté préfectoral peut interdire la pêche pendant quelque temps, mais il faut un décret spécial.

CRIN

Le crin de pêche provient de la queue des chevaux.

DÉPEUPLEMENT

Il provient incontestablement du braconnage, de l'emploi de filets trop destructeurs : seines, diables, etc., de la navigation à vapeur qui agite les eaux et rejette le frai sur les berges, et surtout de l'incurie administrative qui fait nettoyer les canaux, arracher les herbes des cours d'eau, etc., sans se soucier des frayères (se rapporter au chapitre XX).

ÉCUMEURS

Ce n'est pas aux pêcheurs parisiens qu'il faut apprendre ce qu'on est exposé à retirer du fleuve.

Un service spécial fonctionne, à la préfecture de police, pour écumer toutes les épaves animales, qui, à certains endroits, s'amassent dans des anfractuosités et qui peuvent devenir un sérieux danger par des moments de chaleur comme ceux que nous traversons.

C'est surtout aux abords de Saint-Cloud et de Suresnes, que le courant fait amonceler ces épaves. Les maires de ces localités en avisent la préfecture de police ou bien encore c'est le service de la navigation qui signale la nécessité d'écumer la Seine.

La préfecture de police donne l'ordre aussitôt à un entrepreneur, chargé de ce soin, d'opérer une tournée.

Cette tournée, dont le coût est de 40 francs, commence à Bercy ; les employés de l'entrepreneur descendent la Seine en visitant tous les coins et les recoins des ports et des berges. D'ailleurs une longue pratique leur a appris à connaître les points où les courants et les remous ont coutume d'apporter les épaves.

Après chaque tournée, les écumeurs dressent un état de tout ce qui a été retiré du fleuve ; le tout est détruit dans les usines qui traitent les matières animales.

Au bout de l'année, la série de ces états fait l'objet d'un relevé adressé au préfet de police par le chef de la deuxième division, M. Bezançon.

Veut-on savoir ce qui a été retiré de la Seine pendant l'année 1886 dans la traversée de Paris ? Ce serait à n'y pas croire, si la nomenclature suivante n'était pas absolument officielle :

2,021 chiens, 977 chats, 2,257 rats, 507 poulets et canards, 3,066 kil. d'abats de viande, 210 lapins ou lièvres, 10 moutons, 2 poulains, 66 cochons de lait, 5 porcs, 28 oies, 27 dindons, 2 veaux, 3 singes, 8 chèvres, 1 serpent, 2 écureuils, 3 porcs-épics, 1 perroquet, 609 oiseaux divers, 3 renards, 130 pigeons ou perdreaux, 3 hérissons, 3 paons et 1 phoque.

Enfin, les écumeurs ont aussi retiré du poisson : 1,459 kil. de poissons divers, morts de vieillesse ou empoisonnés aux abords des égouts.

ÉPERVIER

Les mailles sont réglées par des ordonnances spéciales. — Un pêcheur à l'épervier possède le droit de jeter son filet à votre place et sur le coup que vous avez amorcé ; mais si le fait dégénère chez lui en habitude, vous avez le loisir de laisser flotter à quelques centimètres du fond du fagot d'épines ou un soliveau garni de clous et retenu par un pavé. L'épervier n'y reviendra plus, je vous en réponds ; avec les gens grossiers, il faut agir grossièrement.

FILET

Consultez la loi et les arrêtés préfectoraux pour la dimension des mailles et la grandeur des filets ; la seine et, plus rarement, les tramails sont tolérés (?) ; mais les traîneaux et les barrages sont absolument défendus.

LÉGISLATION

Elle est surannée, ridicule et toute à refaire. Si les propriétaires riverains sont parfois durement traités, il faut reconnaître que les pêcheurs à la ligne sont traqués comme des vagabonds et des malfaiteurs. — La pêche au vif est permise. — Les appâts et amorces non nuisibles : boulettes de blé, chènevis, asticots, etc., ne sont pas défendus. — Le poisson d'étain est licite. — Le bouloir à goujons est absolument permis.

Nous avons du reste publié, au début, les principaux articles de ce code vermoulu.

LOUTRES

La chasse de la loutre est permise en tout temps, — après autorisation du préfet.

POISSON D'AVRIL

Parmi les centaines d'étymologies de ce proverbe populaire, en voici une nouvelle peut-être préférable aux précédentes :

On sait qu'autrefois l'année commençait le 1er avril, et que ce fut de par une ordonnance de 1564 rendue par Charles IX et enregistrée seulement par le parlement en 1567, que l'année commença officiellement le 1er janvier.

Lors les étrennes, qui auparavant se donnaient le 1er avril, furent reportées au 1er janvier et on ne se fit plus au 1er avril que des étrennes plaisantes et sans importance ; on s'amusa même à mystifier par des cadeaux simulés ou des messages trompeurs ceux qui regrettaient l'ancienne date et, comme au mois d'avril le soleil quitte le signe zodiacal des poissons, on donna à ces simulacres le nom de poissons d'avril.

TRUITE

Pour forer les cannes spéciales que nous avons décrites, il faut se servir d'une mèche fine puis d'un fort fil de fer rougi au feu ; on

passe le cordonnet en garnissant son extrémité
d'un petit plomb qu'on laisse tomber par
l'œillet supérieur et qu'on attrape à l'œillet inférieur. Ces procédés sont d'une extrême facilité.

VÊTEMENTS

Été comme hiver : chemise de flanelle ou
maillot, blouse ou vêtement très ample en laine ;
chapeau de paille en été, béret en hiver.

CHAUSSURE

La chaussure est la partie la plus importante
de l'équipement du pêcheur ; pour les élégants,
les routiers, les fileurs de truites, je recommande tout spécialement les fines chaussures
de M. E. Bacquart, un confrère en saint Pierre.

Pour les pêcheurs sérieux, ceux qui, quel que
soit le temps, s'en vont par la boue et la pluie
regagner leur bateau, restent fidèles au « coup »
sous les rafales, suivent les jambes dans l'eau
les derniers élans d'une carpe ou pourchassent
le long des berges la perchette gourmande, je
prescris formellement les bottes caoutchoutées,

fabriquées spécialement par M. A. Bertin, 4, rue des Pyramides, pour nous autres pêcheurs.

Avec ces chaussures imperméables, on peut rester toute la journée les jambes plongeant dans vingt-cinq ou trente centimètres d'eau, sans ressentir la moindre humidité.

Or les rhumatismes, les douleurs, le froid aux pieds sont de terribles ennemis pour le pêcheur, je crois donc faire œuvre utile en signalant ici ce moyen pratique de les combattre.

TEMPS AUTORISÉ

L'autorisation de pêcher après le coucher et avant le lever du soleil est absolument subordonnée, non à la législation sur la matière, mais à l'arrêté du préfet rendu après avis du conseil général. Encore cette autorisation, — si elle est accordée, — ne peut-elle viser exclusivement que la pêche de l'anguille, de la lamproie et de l'écrevisse.

CHAPITRE XXVI

ADIEUX!!!

Exegi monumentum!

J'ai fini..... mais je serais un ingrat, si avant de mettre le point final je ne tenais à remercier tous mes correspondants, tous ceux qui ont bien voulu me donner leurs avis, me guider de leurs conseils, me faire part de leur expérience.

Ils verront que leurs leçons ont été écoutées, leurs réclamations, leurs documents mis à profit.

Voici sous ma plume les noms de MM. Eckert, Caffaréna, A. Ried, A. de Pontrieux, Ch. Kraft, Couronneau, Cynma, G. Allain, Leblanc, Schahag, C. Caspar, Cybard, Pochel,

Frélicher, Langlois, Leliou, Gavel, Doerflinger, Fiot, E. Charvet, Terriez, H. Pelletier, Ad. Bourée, G. Rist, Ch. Luneau, Ch. Lacan, Désirant-Jadoul, Démory, Z. Lainé, F. Bailan, C. Antheaume, G. Williot, Obligé, Bossu, B. Habilot, A. Devaisme, H. Vailly, P. Pavillard, L. Gaigne, M. Chatelain, Th. Weber, etc. etc...

Sans oublier mes confrères en saint Pierre dont quelques noms sont encore présents à ma mémoire, MM. J. Borin, Ed. Renoir, D. Blanchet, Sayous, Fouraignan, Rasetti, Bénard, T. Clause, Morand, P. Clésen, Charlier, Hubert, Doyen, Girod, Lambelin, L. Morier, E. Grandcolin, G. Hodeau, Alex. Louis, A. Prouvaust, E. Chaumont, Pater, Colin, Virat, Baron, Joblon-Gy, G. Desmot, E. Ponchel, Auchir, Béchet-Lavy, Caillot, Messelet, A. Barraut, A. Perret, Sossard, Séjournet, A. Leclercq, M. Sognet, Duparchy, E. Bonnot, Rocher, Correilliez, Mathis, Pietri, Cagnot, Camyn, Caysac, Courtois, Delgado (de), G. Dumont, P. Flament, Ed. Haslé, Ch. Lalliet, E. Lenoire, A. Maury, Messelet, L. Peter, etc., etc...

Mais cessons cette énumération déjà trop longue, remercions encore une fois ceux dont le défaut d'espace et quelque peu l'aridité d'une pareille nomenclature nous empêchent de publier les noms et tirons notre plus gracieuse révérence, espérant qu'il nous sera beaucoup pardonné parce que nous avons beaucoup pêché.

Car le vrai pêcheur est avant tout bon enfant; parfois il supporte de cruelles épreuves :

> Et pas un ne s'en indigne,
> Pas un ne songe à partir,
> Car le pêcheur à la ligne
> Vit et meurt vierge et martyr.

Ainsi s'exprime Richepin et croyez qu'il s'y connaît...

A ce vrai pêcheur je confie sans crainte ce volume écrit pour l'instruire en l'amusant.

FIN

LISTE DES POISSONS ÉTUDIÉS

EMILE COLIN. — Imprimerie de Lagny

RÉPERTOIRE ALPHABÉTIQUE

DES NOMS CITÉS

A

Adam (L.), 43.
Alexandre, 36.
Alexandre, 323, 326.
Allain (G.), 356.
Amphion, 226.
Antheaume (C.), 357.
Antoine, 214.
Argenton, 324.
Attila, 152.
Au... (le col.), 239.
Auchir, 357.
Auber, 43.
Augier (E.), 65.
Auguste, 30.
Aumont, 96.
Ausset (A.), 181.
Auzenat (R.), 180.

B

Bacoup, 157.
Bacquart (E.), 117, 119.
  354.
Bailan, 356.
Bargeon, 322.
Barbier, 43.
Baron, 357.

Barraut (A.), 357.
Barrière (A.), 181.
Bartholdi, 96.
Bary-Gautron, 9.
B.-B. (J.), 180.
Beauchoux (A.), 322, 323.
Beauchoux fils, 321.
Beauchoux (Victor), 324.
Béchet-Lavy, 357.
Bellesme (de), 190, 191, 192,
  300
Belmontet, 66.
Bénard, 357.
Béneteau, 306.
Benjamin, 41.
Berbudeau, 307.
Berge, 318.
Bergerot, 322, 323.
Bernard (M⁰ᵉ), 326.
Bernard, 323.
Bertin (A.), 355.
Berthet (Mˡˡᵉ), 325.
Beruchoux (A.), 326.
Besuquet, 324.
Bezauçon, 350.
Bezuillet, 323.
Bismarck, 179.
Blanc (L.), 307.
Blanche (Dʳ), 5.

TABLE DES MATIÈRES

ÉMILE COLIN. — IMPRIMERIE DE LAGNY

A LA LIBRAIRIE ILLUSTRÉE
ET CHEZ TOUS LES LIBRAIRES

F. LAFFON

LE MONDE
des Courses

Lettre préface de H. Escoffier

Les chevaux de courses. — Le marié de Saint-Christophe. — Les éleveurs et les haras. — Les propriétaires. — Courses plates et d'obstacles. — Le haut et le bas personnel. — L'entraîneur et les jockeys. — Le head-lad et le lad. — Les gentlemen-riders. — Le vétérinaire. — Le tout ou espion. — Les grandes sociétés. — La question des paris. — Le propriétaire des piquets. — Les bookmakers et la cote. — Poules et pouleurs. — Les agences louches. — Cochers, pisteurs et aboyeurs. — Les tapissières. — Programmes et pronostics. — Consolateurs et bonneteurs. — All right, galopp. — L'homme et la femme. — Les combinaisons et les tuyaux. — Noms baroques. — Le Bourgeois gentilhomme, 1670-1887. — La presse sportive. — Les héros du turf.

Un fort volume in-18 jésus

Prix : 3 fr. 50

ASNIÈRES. — IMPRIMERIE LOUIS BOYER ET Cᵉ